"十一五"国家重点图书出版规划项目

数学文化小丛书

李大潜　主编

数学中之类比

——一种富有创造性的推理方法

王培甫

U0183098

高等教育出版社·北京

图书在版编目（CIP）数据

数学中之类比：一种富有创造性的推理方法 / 王培甫.
—北京：高等教育出版社，2008.11（2024.1重印）
（数学文化小丛书 / 李大潜主编）
ISBN 978-7-04-024360-4

Ⅰ. 数… Ⅱ. 王… Ⅲ. 类比—普及读物 Ⅳ. B812.3-49

中国版本图书馆 CIP 数据核字（2008）第 140391 号

项目策划　李艳馥　李　蕊

策划编辑　李　蕊　　　责任编辑　崔梅萍　　　封面设计　王凌波
责任绘图　杜晓丹　　　版式设计　王艳红　　　责任校对　王效珍
责任印制　田　甜

出版发行	高等教育出版社	咨询电话	400-810-0598
社　　址	北京市西城区德 外大街4号	网　　址	http://www.hep.edu.cn
邮政编码	100120		http://www.hep.com.cn
印　　刷	中煤（北京）印务 有限公司	网上订购	http://www.landraco.com
开　　本	787×960 1/32		http://www.landraco.com.cn
印　　张	3.625	版　　次	2008年11月第1版
字　　数	65 000	印　　次	2024年1月第16次印刷
购书热线	010-58581118	定　　价	10.00 元

本书如有缺页、倒页、脱页等质量问题，请到所购图书销售部门联系
调换。
版权所有　侵权必究
物料号　24360-00

数学文化小丛书编委会

数学文化小丛书总序

　　整个数学的发展史是和人类物质文明和精神文明的发展史交融在一起的。数学不仅是一种精确的语言和工具、一门博大精深并应用广泛的科学，而且更是一种先进的文化。它在人类文明的进程中一直起着积极的推动作用，是人类文明的一个重要支柱。

　　要学好数学，不等于拼命做习题、背公式，而是要着重领会数学的思想方法和精神实质，了解数学在人类文明发展中所起的关键作用，自觉地接受数学文化的熏陶。只有这样，才能从根本上体现素质教育的要求，并为全民族思想文化素质的提高夯实基础。

　　鉴于目前充分认识到这一点的人还不多，更远未引起各方面足够的重视，很有必要在较大的范围内大力进行宣传、引导工作。本丛书正是在这样的背景下，本着弘扬和普及数学文化的宗旨而编辑出版的。

　　为了使包括中学生在内的广大读者都能有所收益，本丛书将着力精选那些对人类文明的发展起过重要作用、在深化人类对世界的认识或推动人类对世界的改造方面有某种里程碑意义的主题，由学有专长的学者执笔，抓住主要的线索和本质的内容，由浅入深并简明生动地向读者介绍数学文化的丰富内涵、数学文化史诗中一些重要的篇章以及古今中外一些著名数学家的优秀品质及历史功绩等内容。每个专题篇幅不长，并相对独立，以易于阅读、便于携带且尽可能降低书价为原则，有的专题单独成册，有些专题则联合成册。

希望广大读者能通过阅读这套丛书，走近数学、品味数学和理解数学，充分感受数学文化的魅力和作用，进一步打开视野，启迪心智，在今后的学习与工作中取得更出色的成绩。

李大潜

2005 年 12 月

目　　录

一、引　言

　　大家一定知道在平面几何里, 三角形面积等于底与高乘积的一半 (如图 1 中的 $\frac{1}{2}a \cdot h$), 那么请大家估计一下在立体几何中四面体的体积公式可能是什么?

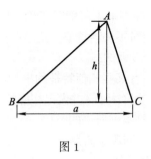

图 1

　　由于三角形由平面上三条线段围成, 四面体由

1

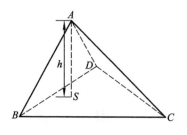

图 2

空间四个三角形围成，它们的组成很 "相似"，因此，四面体的体积公式与三角形的面积公式可能有某种类同的结构. 但三角形是平面图形，四面体是空间图形，它们又存在区别，因此四面体的体积公式与三角形的面积公式间还可能存在差异，于是各种不同的估计就产生了，

$$V = \frac{1}{2}Sh, V = \frac{1}{3}Sh, V = \frac{1}{4}Sh, \cdots\cdots$$

式中 V, S, h 分别表示四面体的体积、底面积与高，见图 2.

当然，这些答案不可能都正确，也许全不正确，这一点我们暂时不去讨论它，但正确答案落在这里面的概率是比较大的.

从两种具有某些相似特征的事物中，发现它们之间的另一些相似特征，并做出相应的判断，这种思维的方法，就是本书所讲的类比.

"类比" 一词源于希腊文 "$\alpha\nu\alpha\lambda o\gamma\iota\kappa\acute{\epsilon}\zeta$"，含有 "比例" 的意思，当然这里所指的比例不是简单的 $1:2 = 3:6$ 中的比例，而是相关事物之间的某些相似关系的迁移, 是自然界与人类社会内部互相联系的一种反映.

由上可见, 类比推理中的 "相似" 不是一个严密的概念, 每一个人都可以有自己对 "相似" 的理解, 并确定自己推理的方向, 得出相应的推理结果. 因此, 类比推理是一种很自由的、生动活泼的思维方式, 它帮助不少科学家继往开来, 推陈出新, 找到自己的研究方向, 获得许多美丽的成果.

当然, 类比仅是一种或然推理, 它的每一个结果, 严格来讲应该叫做合理猜想, 可能是正确的, 也可能是不正确的, 还必须用逻辑方法给予严格证明, 或经过多次实践检验, 方能确认.

下面我们通过一些典型的例子来介绍类比方法在数学中应用的一些结果, 以及获得这些结果的思维过程, 以便帮助读者熟悉这种有用的数学方法.

二、从勾股定理谈起

　　勾股定理是数学中最古老、最有用的定理之一,其内容是:

　　"直角三角形的两条直角边的平方和等于它的斜边的平方."

　　勾股定理的一个等价命题是:

　　"长方形两条相邻边的平方和等于它的一条对角线的平方."

　　据我国现存的一部最古老的数学典籍《周髀算经》记载,公元前一千一百多年,我国数学家商高与周公的对话中就明确地提出"勾三股四弦五"这一重要的数量关系,书中还记有"… 勾股各自乘,并而开方除之,得邪 …"这是勾股定理的一般形式在我国的最早记载,可惜没有理论上的证明. 至魏晋时代的赵爽 (公元 3—4 世纪) 对《周髀算经》作注时,利用弦图 (图 3) 做出了我国对勾股定理的最早证明. 他的证法很简明,由图 3 所示的字母及图形的面积关系,有

$$c^2 = 4 \times \frac{1}{2}ab + (a-b)^2,$$

即

$$c^2 = a^2 + b^2.$$

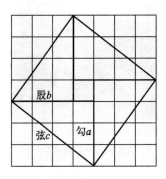

图 3

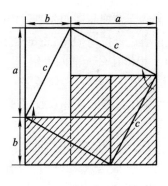

图 4

如果你关注一下赵爽弦图 (图 4) 中的两个方块 a^2 和 b^2 (阴影部分), 及图形变化的箭头, 那么勾股定理 $a^2 + b^2 = c^2$ 的证明更一目了然了. 所以大家

图 5　毕达哥拉斯

一致认为赵爽的弦图是一篇极有价值的数学历史文献.

在国外被认为发现与证明勾股定理的第一人是希腊大数学家毕达哥拉斯 (Pythagoras, 约前 580 —— 约前 500). 相传在公元前六世纪, 当他找到勾股定理证明方法之后, 欣喜若狂, 宰杀了一百头牛来祭神, 以示庆贺. 因此, 西方人称勾股定理为毕达哥拉斯定理.

据资料记载, 勾股定理的证明方法多达 360 余种. 勾股定理不仅证法众多, 以它为出发点, 应用类比方法推得的结果也不计其数. 如果把勾股定理比喻成树干, 由它推出的结果比喻成树枝与树叶, 那么, 这棵大树真的可称得上枝繁叶茂了. 下面, 我们将从勾股定理出发, 运用类比, 由近及远地介绍一些由勾股定理推导出的结果, 来观赏一下这棵大树的美丽景色.

首先把直角三角形与斜三角形去类比.

类比推理 2.1 (三角形的余弦定理) 设斜三角形 ABC 中, $\angle A, \angle B$ 及 $\angle C$ 的对边分别为 a, b 及 c, 则有

$$a^2 = b^2 + c^2 - 2bc\cos A,$$
$$b^2 = c^2 + a^2 - 2ca\cos B,$$
$$c^2 = a^2 + b^2 - 2ab\cos C.$$

证明 如图 6, 设 $\triangle ABC$ 中, $\angle A$ 为锐角, 作 $CD \perp AB$ 于点 D, 则根据勾股定理有

$$a^2 - b^2 = BD^2 - AD^2$$
$$= (BD + AD)(BD - AD)$$
$$= c(c - 2AD)$$
$$= c^2 - 2cAD$$
$$= c^2 - 2bc\cos A,$$

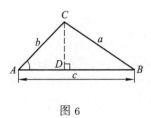

图 6

所以

$$a^2 = b^2 + c^2 - 2bc\cos A.$$

同理可证, 当 A 为钝角时 (此时 $\cos A < 0$) 上述表达式也成立, 其他两式也一样. □

若用面积的方法去观察上述推理, 便可得

类比推理 2.2 (巴普士定理) 分别以任意三角形的每一边为边各作一个平行四边形, 第一个平行四边形位于三角形的内侧, 且其两个顶点位于三角形之外, 另外两个平行四边形位于该三角形的外侧, 且它们的对边分别过第一个平行四边形的两个顶点, 则第一个平行四边形的面积恰等于另外两个平行四边形的面积之和.

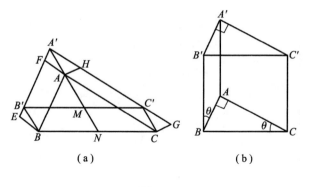

(a)　　　　　　(b)

图 7

证明 如图 7 (a), 设 $\triangle ABC$ 为任意三角形, $BCC'B'$, $ABEF$, $ACGH$ 均为平行四边形, 且 EF 过 B', GH 过 C'. 设 EF 与 GH 延长相交于 A' 点, 连 $A'A$ 延长交 $B'C'$ 于 M 点, 交 BC 于 N 点, 则易证

$$\triangle ABC \cong \triangle A'B'C' \text{ (a.s.a.)}.$$

所以

$$AB = A'B', AB // A'B',$$

即 $ABB'A'$ 是平行四边形; 同理 $ACC'A'$ 也是平行四边形. 所以

$$AA' = B'B = MN = C'C.$$

由此可得

$$S_{\square BB'A'A} = S_{\square BB'MN},^{①}$$

$$S_{\square CC'A'A} = S_{\square CC'MN}.$$

容易看出

$$S_{\square ABEF} = S_{\square ABB'A'},$$

$$S_{\square ACGH} = S_{\square ACC'A'}.$$

所以

$$S_{\square ABEF} + S_{\square ACGH}$$

$$= S_{\square ABB'A'} + S_{\square ACC'A'}$$

$$= S_{\square BB'MN} + S_{\square CC'MN}$$

$$= S_{\square BB'C'C}.$$

显然, 如图 7 (b), 若把 $\triangle ABC$ 中的角 A 取为直角, 取 $BCC'B'$ 为正方形, 作 $\triangle A'B'C' \cong \triangle ABC$, 连

---

① 这里 S 表示面积, 如 $S_{\triangle ABC}$ 表示 $\triangle ABC$ 的面积, $S_{\square BB'AA'}$ 表示 $\square BB'AA'$ 的面积, 以后均是如此, 不再说明.

AA', 则容易证明, 四边形 $BB'A'A$ 及四边形 $CC'A'A$ 均为平行四边形, 且平行四边形 $BB'A'A$、$CC'A'A$ 与正方形 $BB'C'C$ 符合巴普士定理的条件. 从而有

$$S_{\Box BB'A'A} + S_{\Box CC'A'A} = S_{\Box BB'C'C}.$$

设 $BC = a, AB = c, AC = b, \angle ACB = \angle ABB' = \theta$. 则有

$$ca\sin\theta + ba\cos\theta = a^2,$$

即

$$c^2 + b^2 = a^2.$$

这就是勾股定理.

因此, 巴普士定理是勾股定理的另外一种形式的推广, 它是由古希腊数学家巴普士 (Pappus, 约 300 年) 收录在他的著作《数学汇编》第四卷之中, 故称巴普士定理. □

把空间的长方体与平面上的矩形作类比.

类比推理 2.3 长方体过同一顶点的三条棱长的平方和等于该长方体的一条对角线的平方.

证明 如图 8, 设 $ABCD - A'B'C'D'$ 是长方体, 则由勾股定理得

$$
\begin{aligned}
AC'^2 &= AC^2 + CC'^2 \\
&= AB^2 + BC^2 + CC'^2 \\
&= AB^2 + AD^2 + AA'^2.
\end{aligned}
$$

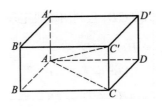

图 8

上述证明很简单, 但勾股定理由平面内的定理跃入空间, 成为空间欧氏几何的一个基础性定理. □

将平面直角三角形向空间含有一个直三面角的四面体作类比.

类比推理 2.4 (富勒哈堡定理) 如图 9, 若四面体 $ABCD$ 中, 三面角 $A - BCD$ 为直三面角 (即 AB、AC、AD 两两垂直), 则

$$S_{\triangle ABC}^2 + S_{\triangle ABD}^2 + S_{\triangle ACD}^2 = S_{\triangle BCD}^2$$

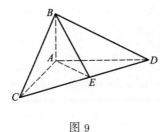

图 9

证明 作 $AE \perp CD$ 于点 E, 连 BE, 则由三垂

线定理可知 $BE \perp CD$, 且利用勾股定理, 有

$$
\begin{aligned}
4S^2_{\triangle BCD} &= BE^2 \cdot CD^2 \\
&= (AB^2 + AE^2) \cdot CD^2 \\
&= AB^2 \cdot CD^2 + 4S^2_{\triangle ACD} \\
&= AB^2 \cdot (AC^2 + AD^2) + 4S^2_{\triangle ACD} \\
&= 4(S^2_{\triangle ABC} + S^2_{\triangle ABD} + S^2_{\triangle ACD}),
\end{aligned}
$$

即

$$
S^2_{\triangle ABC} + S^2_{\triangle ABD} + S^2_{\triangle ACD} = S^2_{\triangle BCD}.
$$

这是一个很出色的类比. B·里茨曼认为这个公式是 1662 年由富勒哈堡首先发现的. 它把平面直角三角形类比到空间含有一个直三面角的四面体, 把平面中线段长与空间中三角形面积相比, 推出一个全新的定理. □

以类比推理 2.1 为出发点, 将平面三角形向空间四边形作类比推理.

类比推理 2.5 (空间四边形的余弦定理) 如图 10, 设空间四边形 $ABCD$ 中, $AD = a, AB = b, BC = c, CD = d, \angle ABC = \alpha, \angle BCD = \beta, \langle \overrightarrow{BA}, \overrightarrow{CD} \rangle = \gamma$, 则有

$$
\boxed{a^2 = b^2 + c^2 + d^2 - 2bc\cos\alpha - 2cd\cos\beta - 2bd\cos\gamma.}
$$

式中 $\langle \overrightarrow{BA}, \overrightarrow{CD} \rangle$ 表示有向线段 $\overrightarrow{BA}$ 及 $\overrightarrow{CD}$ 的夹角.

证明 (运用向量方法) 如图 10, 由

$$
\overrightarrow{AD} = \overrightarrow{AB} + \overrightarrow{BC} + \overrightarrow{CD},
$$

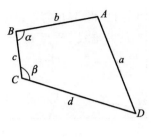

图 10

有

$$\overrightarrow{AD}^2 = (\overrightarrow{AB} + \overrightarrow{BC} + \overrightarrow{CD})^2$$
$$= \overrightarrow{AB}^2 + \overrightarrow{BC}^2 + \overrightarrow{CD}^2 + 2\overrightarrow{AB} \cdot \overrightarrow{BC} +$$
$$2\overrightarrow{BC} \cdot \overrightarrow{CD} + 2\overrightarrow{CD} \cdot \overrightarrow{AB},$$

所以

$$a^2 = b^2 + c^2 + d^2 + 2bc \cos\langle \overrightarrow{AB}, \overrightarrow{BC} \rangle +$$
$$2cd \cos\langle \overrightarrow{BC}, \overrightarrow{CD} \rangle + 2bd \cos\langle \overrightarrow{AB}, \overrightarrow{CD} \rangle.$$

因为

$$\langle \overrightarrow{AB}, \overrightarrow{BC} \rangle = \pi - \alpha,$$
$$\langle \overrightarrow{BC}, \overrightarrow{CD} \rangle = \pi - \beta,$$
$$\langle \overrightarrow{AB}, \overrightarrow{CD} \rangle = \pi - \gamma,$$

所以

$$a^2 = b^2 + c^2 + d^2 - 2bc \cos\alpha - 2cd \cos\beta - 2bd \cos\gamma.$$

这是一个很有用的式子, 立体几何中求两条异面直线间距离公式就是这个式子的一种特殊情况.

事实上, 如图 11, 设 MP 与 NQ 是两条异面直线, MN 是它们的公垂线, P 与 Q 分别是 MP 与 NQ 上的点.

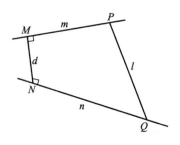

图 11

若

$$MP = m, NQ = n, MN = d, PQ = l, \langle \overrightarrow{MP}, \overrightarrow{NQ} \rangle = \theta,$$

则有

$$l^2 = m^2 + n^2 + d^2 - 2mn\cos\theta,$$

用它可以计算两条异面直线的距离或计算异面直线上两点间的距离. □

在类比推理 2.4 (富勒哈堡定理) 的基础上, 将含有一个直三面角的四面体直接去与一般四面体类比, 则可得

类比推理 2.6 (富勒哈堡定理的推广)

在四面体 $SABC$ 中, 设 $S_{\triangle SBC} = S_1, S_{\triangle SAC} = S_2, S_{\triangle SAB} = S_3, S_{\triangle ABC} = S_0$, 二面角 $C - SA - B = \alpha$, 二面角 $A - SB - C = \beta$, 二面角 $B - SC - A = \gamma$,

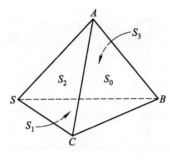

图 12

则有

$$S_0^2 = S_1^2 + S_2^2 + S_3^2 - 2S_1S_2 \cos\gamma -$$
$$2S_2S_3 \cos\alpha - 2S_3S_1 \cos\beta$$

大家一定会惊奇的发现, 这个结论与类比推理 2.5 中的形式几乎一致, 这说明用线段画成的图形 (多边形) 与用多边形围成的图形 (多面体) 之间存在某种相似的关系. 为了找到这种关系, 我们先推出一个预备定理.

预备定理 (四面体的法向量四边形定理) 如图 13, 设四面体 $SABC$ 各面的面积分别为 $S_{\triangle SBC} = S_1, S_{\triangle SAC} = S_2, S_{\triangle SAB} = S_3, S_{\triangle ABC} = S_0$, 分别作面 SBC、SAC、SAB 及 ABC 的法向量 $\boldsymbol{n}_1, \boldsymbol{n}_2, \boldsymbol{n}_3$ 及 $\boldsymbol{n}_0$, 每一条法向量均指向多面体的外侧, 且 $|\boldsymbol{n}_1| = S_1, |\boldsymbol{n}_2| = S_2, |\boldsymbol{n}_3| = S_3, |\boldsymbol{n}_0| = S_0$. 则恒有

$$\boldsymbol{n}_0 + \boldsymbol{n}_1 + \boldsymbol{n}_2 + \boldsymbol{n}_3 = \boldsymbol{0}.$$

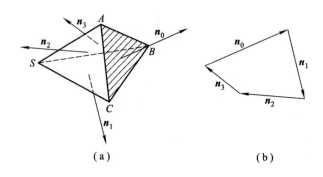

图 13

证明 (用向量法), 如图 13 (a), 容易看出

$$\boldsymbol{n}_1 = \frac{1}{2}\overrightarrow{SB} \times \overrightarrow{SC}, \quad \boldsymbol{n}_2 = \frac{1}{2}\overrightarrow{SC} \times \overrightarrow{SA},$$

$$\boldsymbol{n}_3 = \frac{1}{2}\overrightarrow{SA} \times \overrightarrow{SB}, \quad \boldsymbol{n}_0 = \frac{1}{2}\overrightarrow{CB} \times \overrightarrow{CA}.$$

因为

$$\overrightarrow{SB} \times \overrightarrow{SC} + \overrightarrow{SC} \times \overrightarrow{SA} + \overrightarrow{SA} \times \overrightarrow{SB}$$

$$= \overrightarrow{SC} \times \overrightarrow{BA} + \overrightarrow{SA} \times \overrightarrow{SB}$$

$$= \overrightarrow{SC} \times \overrightarrow{BA} + (\overrightarrow{SC} + \overrightarrow{CA}) \times (\overrightarrow{SC} + \overrightarrow{CB})$$

$$= \overrightarrow{SC} \times \overrightarrow{BA} + \overrightarrow{SC} \times \overrightarrow{CB} + \overrightarrow{CA} \times \overrightarrow{SC} + \overrightarrow{CA} \times \overrightarrow{CB}$$

$$= \overrightarrow{SC} \times (\overrightarrow{BA} + \overrightarrow{CB} - \overrightarrow{CA}) + \overrightarrow{CA} \times \overrightarrow{CB}$$

$$= \overrightarrow{CA} \times \overrightarrow{CB} = -\overrightarrow{CB} \times \overrightarrow{CA},$$

所以

$$\overrightarrow{CB} \times \overrightarrow{CA} + \overrightarrow{SB} \times \overrightarrow{SC} + \overrightarrow{SC} \times \overrightarrow{SA} + \overrightarrow{SA} \times \overrightarrow{SB} = \boldsymbol{0},$$

即

$$\boldsymbol{n}_0 + \boldsymbol{n}_1 + \boldsymbol{n}_2 + \boldsymbol{n}_3 = \boldsymbol{0} \quad (\text{图 13(b)}). \qquad \square$$

上述预备定理很有趣, 它把一个四面体与一条封闭的向量折线联系起来了, 从而可以用研究向量四边形的方法来研究四面体的性质. 在证明预备定理时, 我们应用了向量的向量积, 其实我们也可以不用向量积的方法, 而用面积射影的方法来做, 如证 $(\boldsymbol{n}_0 + \boldsymbol{n}_1 + \boldsymbol{n}_2 + \boldsymbol{n}_3)^2 = 0$, 读者不妨自己试一试.

下面我们证类比推理 2.6.

证明 对于四面体 $SABC$, 像预备定理那样作它的各个面的法向量 $\boldsymbol{n}_1, \boldsymbol{n}_2, \boldsymbol{n}_3, \boldsymbol{n}_0$ (如图 13(a)), 则有

$$\boldsymbol{n}_0 + \boldsymbol{n}_1 + \boldsymbol{n}_2 + \boldsymbol{n}_3 = \boldsymbol{0},$$

四个法向量首尾连接可构成一个向量四边形, 且

$$\boldsymbol{n}_0 = -(\boldsymbol{n}_1 + \boldsymbol{n}_2 + \boldsymbol{n}_3),$$

所以

$$\begin{aligned} \boldsymbol{n}_0^2 &= (\boldsymbol{n}_1 + \boldsymbol{n}_2 + \boldsymbol{n}_3)^2 \\ &= \boldsymbol{n}_1^2 + \boldsymbol{n}_2^2 + \boldsymbol{n}_3^2 + 2\boldsymbol{n}_1 \cdot \boldsymbol{n}_2 + 2\boldsymbol{n}_2 \cdot \boldsymbol{n}_3 + 2\boldsymbol{n}_3 \cdot \boldsymbol{n}_1. \end{aligned}$$

容易看出法向量间的夹角 $\langle \boldsymbol{n}_1, \boldsymbol{n}_2 \rangle, \langle \boldsymbol{n}_2, \boldsymbol{n}_3 \rangle, \langle \boldsymbol{n}_3, \boldsymbol{n}_1 \rangle$ 分别与 γ, α, β 互补, 所以由上式可得

$$\begin{aligned} S_0^2 &= S_1^2 + S_2^2 + S_3^2 - 2S_1 S_2 \cos\gamma - \\ &\quad 2S_2 S_3 \cos\alpha - 2S_3 S_1 \cos\beta. \end{aligned} \qquad \square$$

这个式子对研究某些四面体的性质, 无疑很有用处.

预备定理告诉我们, 一个四面体必然有一个法向量四边形与它联系着, 那么, 任意一个向量四边形能不能找到一四面体, 以此向量四边形为它的法向量四边形呢?

当这个向量四边形不共面时, 答案是肯定的, 因为, 假设向量 n_0, n_1, n_2, n_3 适合 $n_0 + n_1 + n_2 + n_3 = 0$, 取空间定点 O, 以 O 为公共的始点, 分别作 $\overrightarrow{OP_0} = n_0, \overrightarrow{OP_1} = n_1, \overrightarrow{OP_2} = n_2, \overrightarrow{OP_3} = n_3$, 如图 14. 因为这些向量不共面, 且

$$n_0 + n_1 + n_2 + n_3 = 0,$$

所以 n_0, n_1, n_2, n_3 中任意三向量都不共面.

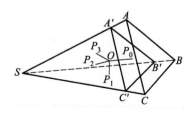

图 14

分别过 P_0, P_1, P_2, P_3 作 $\overrightarrow{OP_1}, \overrightarrow{OP_2}, \overrightarrow{OP_3}, \overrightarrow{OP_0}$ 的垂直平面, 则这四个垂面一定可以围成一个四面体, 如图 14 中的 $SA'B'C'$, 这个四面体的四个面的法向量分别平行于 n_0, n_1, n_2, n_3. 现在我们让面 $A'B'C'$ 做平行移动至 ABC, 使 $S_{ABC} = |n_0|$ 且使 n_0 指

向四面体 $SABC$ 的外侧 (显然这是能做到的). 此时, 所作的四面体 $SABC$ 的一条法向量就是 n_0, 且其他三条法向量分别平行于 n_1, n_2, n_3, 所以四面体 $SABC$ 的法向量可写为 $n_0, k_1 n_1, k_2 n_2, k_3 n_3$.

根据预备定理有

$$n_0 + k_1 n_1 + k_2 n_2 + k_3 n_3 = \mathbf{0}.$$

但 $n_0 + n_1 + n_2 + n_3 = \mathbf{0}$, 而 n_1, n_2, n_3 不共面. 根据向量在同一组基向量上分解的唯一性, 得 $k_1 = k_2 = k_3 = 1$. 即四面体 $SABC$ 以 n_0, n_1, n_2, n_3 构成的四边形为它的相伴法向量四边形.

上述一正一逆, 说明了任一空间四面体必存在伴随法向量四边形 (显然存在但不唯一), 反之任一非共面的向量四边形必可找到一个四面体, 使此向量四边形为其伴随法向量四边形. □

类比推理 2.1 又叫三角形的余弦定理. 即用三角形的三条边表示其中某一边对角的余弦.

现在将三角形与四面体去类比, 那么就会想到, 能否用四面体的六条棱来表示其中一组对棱所成角的余弦呢?

类比推理 2.7 (空间四面体的余弦定理) 如图 15, 设四面体 $ABCD$ 中棱 AB 与 CD 所成异面直线的夹角为 θ, 则

$$2\overrightarrow{AB} \cdot \overrightarrow{CD}$$
$$= 2\overrightarrow{AB} \cdot (\overrightarrow{AD} - \overrightarrow{AC})$$

$$= 2\overrightarrow{AB} \cdot \overrightarrow{AD} - 2\overrightarrow{AB} \cdot \overrightarrow{AC}$$

$$= 2AB \cdot AD \cos \angle BAD - 2AB \cdot AC \cos \angle BAC$$

$$= AB^2 + AD^2 - BD^2 - (AB^2 + AC^2 - BC^2)$$

$$= AD^2 + BC^2 - (BD^2 + AC^2).$$

所以

$$\boxed{\cos \theta = \left| \frac{AD^2 + BC^2 - (BD^2 + AC^2)}{2AB \cdot CD} \right|, \theta \in \left[0, \frac{\pi}{2}\right].}$$

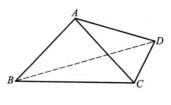

图 15

若把图 15 看成平面四边形, 则这个式子不仅适合四面体, 也适合平面四边形. 因此, 这个式子可以称为空间四面体的余弦定理, 或平面四边形的余弦定理. □

若令 $\theta = \langle AB, CD \rangle = \frac{\pi}{2}$, 则上式可得

$$AD^2 + BC^2 = BD^2 + AC^2,$$

从而有

类比推理 2.8 四面体 $ABCD$ 中, 一组对棱互相垂直的充分必要条件是其他两组对棱的平方和相等.

四面体中若三组对棱都是互相垂直的，称此四面体为正交四面体. 由类比推理 2.8 可知: "正交四面体的各组对棱的平方和相等, 是一个定值".

正交四面体有很多性质, 如它的四条高相交于一点, 称这一点为正交四面体的垂心, 从而也称正交四面体为垂心四面体

勾股定理在代数方面的类比要数费马大定理. 它具有很丰富的内容, 请参阅小丛书之《费马大定理的证明与启示》.

三、从点、线、面、体间的关系到多面体的欧拉公式[①]

设一个多面体的顶点数为 V, 棱数为 E, 面数为 F, 则有

$$V - E + F = 2.$$

这就是著名的多面体欧拉定理, 欧拉 (Euler, 1707 — 1783) 在 1750 年发表了这一定理, 并于 1751 年给出了一个证明 (欧拉之前笛卡儿也已知道这个定理). 欧拉定理是拓扑学中的一个重要定理. 它简洁明白, 但要理解欧拉定理却不是一件容易的事.

实际上欧拉定理是描述多面体的顶点、棱、面数之间互相制约关系的一个式子. 因此, 如果我们能从点、线、面、体间的基本关系着手逐步类比开拓. 那么, 对欧拉定理的来龙去脉会更加清晰.

柏拉图说过: "点是直线的开端".

[①] 为了便于叙述, 这一节中我们所指的多边形与多面体均指凸多边形及凸多面体.

亚历士多德说:"点、线、面,各是线、面、体的分界".

这就是说,线段以端点为自己的边界,平面多边形由若干条线段围成,多面体由若干个平面多边形围成等. 为了方便,我们用 V 表示图形中所有线段的端点的个数, E 表示图形所有的棱数 (内棱和界棱), F 表示图形中所有面 (平面多边形) 的个数, K 表示图形中所含多面体的个数,并称 $V - E + F - K$ 为图形的特征数 (如果没有某个元素,就让相应的项空缺). 下面我们从最简单的事实谈起.

基本关系 一条线段有两个端点,即对于线段有特征数 $V - E = 2 - 1 = 1$ (图 16).

类比推理 3.1 对于有若干条线段连成的空间非封闭折线,有特征数 $V - E = 1$ (图 17); 对于封闭的空间折线有特征数 $V - E = 0$ (图 18).

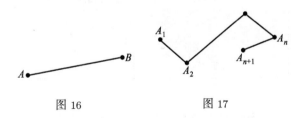

图 16   图 17

类比推理 3.2 对于平面上的多边形,有特征数 $V - E + F = 1$, 即 $V - E = 0$ (如图 19).

以上各条推理的正确性是一目了然的.   □

假若 $ABCD \cdots E$ 是一个空间多边形. 依次连 $AC, AD, \cdots$, 则可得到一个由若干个三角形如 $\triangle ABC, \triangle ACD, \cdots$ 拼成的空间面,如图 20,我们称

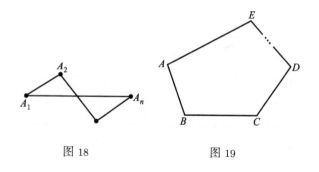

图 18   图 19

此几何图形为**扇状面** (A 为顶点), 则有

类比推理 3.3 扇状面有特征数 $V - E + F = 1$
(图 20).

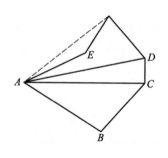

图 20

证明 如图 20, 设空间多边形 $ABCD \cdots E$ 的
边数为 n, 则该扇状面的顶点数 $V = n$, 棱数 $E = 2n - 3$, 面数 $F = n - 2$, 从而扇状面的特征数 $V - E + F$ 为

$$V - E + F = n - (2n - 3) + n - 2 = 1. \qquad \square$$

下面我们由扇状面向多面体作类比. 先介绍一

个过渡性推理:

类比推理 3.4 棱锥体的特征数 $V - E + F = 2$.

证明 如图 21, 设 $S - ABCD \cdots E$ 为一个 n 棱锥, 则该棱锥的特征数

$$V - E + F = (n+1) - 2n + (n+1) = 2. \qquad \square$$

如果把棱锥 $SABCD \cdots E$ 的底面改为一个空间扇状面 $ABCD \cdots E$, 那么, 这个 n 棱锥就变成一个**锥状多面体** (我们不妨这样称呼它), 它上部是一个多面角, 下面是一个扇状面, 如图 22, 容易看出, 这个锥状多面体的特征数也有

$$V - E + F = (n+1) - (3n-3) + (2n-2) = 2. \quad \square$$

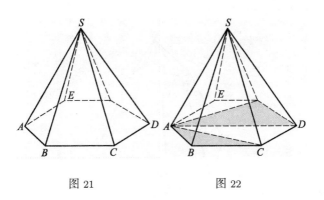

图 21   图 22

类比推理 3.5 (多面体的欧拉公式) 设多面体的顶点数为 V, 棱数为 E, 面数为 F, 则有

$$V - E + F = 2.$$

证明 (数学归纳法)

将多面体按顶点个数分为四点体, 五点体, 六点体 …… 则

1° 当顶点数为 4 时, 多面体即为四面体, 显然有

$$V - E + F = 4 - 6 + 4 = 2;$$

2° 假设顶点数为 $k(\geqslant 4)$ 时, 特征数有

$$V - E + F = 2,$$

则当顶点数为 $k + 1$ 时, 连 $ABCD\ldots EA$, 多面体的特征数不会改变 (如图 23), 多面体可分解成两部分, 上半部分为一个锥状多面体 $SABCD\ldots E$, 下半部分为一个只有 k 个顶点的多面体 $ABCD\ldots E - PQRS\ldots T$.

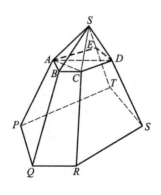

图 23

上半部与下半部的交界面为一个由空间多边形 $ABCD\ldots E$ 围成的扇状面 $ABCD\ldots E$.

所以, 当顶点数为 $k+1$ 时, 由归纳假设及前面已知的结果, 这个 $k+1$ 点体的特征数为

$V - E + F =$ 上半部的特征数 + 下半部的特征数 −

2 倍交界面的特征数 +

多边形 $ABCD \ldots E$ 的特征数

$= 2 + 2 - 2 + 0 = 2.$

所以, 对一切顶点数大于或等于 4 的多面体均有

$$\boxed{V - E + F = 2.}$$

这就是著名的多面体的欧拉公式. 欧拉公式有许多证明方法, 读者可以从其他书籍上找到.

假设我们用 K 表示图形中由多边形围成的多面体的个数, 那么对于一个多面体本身来讲, $K = 1$. 此时, 欧拉公式可写为

$$\boxed{V - E + F - K = 1.}$$

显然, 这两个式子是等价的, 只不过后者把体也算作图形的一个元素而已.   □

现在我们再进一步探讨, 如果图形是由公共面互相贴合在一起的几个多面体组成, 如图 24, 图 25 那样, 那么, 这样的图形的顶点、棱、面及体的个数间存在什么关系呢?

关于这一点, 我们只打算对几个具体例子进行验算分析.

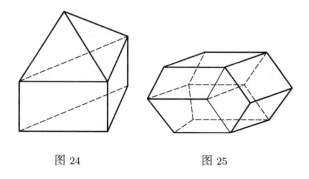

图 24　　　　　　　　　　图 25

　　如图 24, 这是由两个多面体 (一个棱锥, 一个棱柱) 组成的几何图形, 这个图形共有顶点数 $V = 7$, 棱数 $E = 12$, 面数 $F = 8$, 多面体的个数 $K = 2$, 那么它的特征数

$$V - E + F - K = 7 - 12 + 8 - 2 = 1.$$

　　又如图 25, 这是一个由三个平行六面体组成的图形. 其中共有顶点数 $V = 14$, 棱数 $E = 25$, 面数 $F = 15$, 多面体的个数 $K = 3$, 那么它的特征数

$$V - E + F - K = 14 - 25 + 15 - 3 = 1.$$

　　这就是说, 这两种几何体的特征数 $V - E + F - K$ 的值也都是 1, 这不是巧合, 这是一种规律的反映, 由于这类问题比较复杂, 不可能在这里讲清楚, 只想给有兴趣的读者提出一个值得思考的课题. 大家在空余时间不妨做一做这个课题, 你一定会有收获的.

四、从 $\sum\limits_{i=1}^{n} i$ 到伯努利数

大数学家高斯 (Gauss, 1777—1855) 幼年时, 他的老师给他出了一道计算题:

$$1 + 2 + 3 + \cdots + 100 = ?$$

图 26　高斯

教师原本认为一个数一个数地加起来, 无论怎

样也得花去一段较长的时间, 谁知高斯却只花了很少的时间, 求出了和为 5050.

原来聪明过人的少年高斯, 找出了事情的规律, 他用

$$S = 1 \quad + 2 + 3 + \cdots + 100.$$
$$S = 100 + 99 + 98 + \cdots + \quad 1.$$

将两式左右对应项相加, 得

$$2S = (100 + 1) \times 100,$$
$$S = \frac{101 \times 100}{2} = 5050.$$

至今中学教科书在讲这类和的问题时还直观地画出下面图形 (图 27), 来形象化地说明求前 n 个自然数和的过程. 即

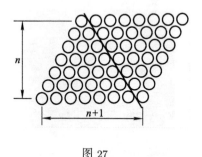

图 27

$$S_1(n) = 1 + 2 + \cdots + (n - 1) + n$$
$$\underline{+)\ S_1(n) = n + (n - 1) + \cdots + 2 + 1}$$
$$2S_1(n) = (n + 1) \times n$$

所以

$$S_1(n) = 1 + 2 + \cdots + (n-1) + n = \frac{1}{2}(n+1)n.$$

我们通俗地称这种方法为 **"倒序相加法"**.

下面我们再介绍一种通过计算面积来计算 $S_1(n)$ 的方法, 我们叫它 **"面积法"**.

图 28 是一个两腰长均为 $n+1$ 的等腰直角三角形, 计算一下单位正方形的个数及有关图形的面积, 即可得到

$$1 + 2 + 3 + \cdots + n + \frac{1}{2}(n+1) = \frac{1}{2}(n+1)^2.$$

从而

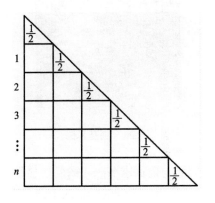

图 28

$$\begin{aligned}
S_1(n) &= 1 + 2 + 3 + \cdots + n \\
&= \frac{1}{2}(n+1)^2 - \frac{1}{2}(n+1) \\
&= \frac{1}{2}n(n+1).
\end{aligned} \qquad \square$$

类比推理 4.1 (阿基米德公式) 求证

$$S_2(n) = 1^2 + 2^2 + \cdots + n^2 = \frac{1}{6}n(n+1)(2n+1)$$

这是由阿基米德 (Archimedes, 前 287 — 前 212) 首先用几何方式得到的, 我国著名数学家沈括 (1031—1095)、杨辉 (13 世纪) 也都研究过这样的问题, 得到了同类的结果.

图 29　阿基米德

这个问题与前面求 $S_1(n)$ 的问题显然十分 "相似", 因此, 我们首先想到的是把式子倒序相加, 但遗憾的是, 此时倒序相加没有产生有用的结果. 于是, 我们又从面积方法获得启发, 看能否将 $1^2, 2^2, \cdots, n^2$ 看成单位正方体的个数, 把单位正方体叠起来成一个锥状体, 然后通过计算它们的体积来求 $S_2(n)$. 我们不妨把这种方法叫做 "**体积法**".

现在我们在 $n = 3$ 时, 画出示意图 (图 30).

我们把 $1^2, 2^2, \cdots, i^2, \cdots, n^2$ 个单位正方体叠起来 (如图 30), 然后连接有关顶点, 就构成一个四棱锥体, 这个棱锥被平行底面的平面分成高为 1 的 $n+1$ 块 (第一块是棱锥, 其他块都是棱台). 设第 i 块的体积为 V_i (图 31), 则根据棱台求积公式, 得

$$V_i = \frac{1}{3}[i^2 + (i-1)^2 + i(i-1)]$$
$$= i^2 - i + \frac{1}{3} \quad (i = 1, 2, \cdots, n+1).$$

则所有各块的体积和为四棱锥的体积 V, 有

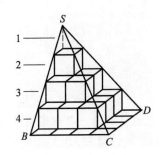

图 30

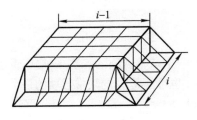

图 31

$$V = V_1 + V_2 + \cdots + V_i + \cdots + V_{n+1} = \frac{1}{3}(n+1)^3.$$

所以

$$\begin{aligned}
\frac{1}{3}(n+1)^3 &= \sum_{i=1}^{n+1}\left(i^2 - i + \frac{1}{3}\right) \\
&= 1^2 + 2^2 + \cdots + n^2 + (n+1)^2 - \\
&\quad \frac{(n+1)(n+2)}{2} + \frac{1}{3}(n+1).
\end{aligned}$$

整理之, 即可得

$$\begin{aligned}
S_2(n) &= 1^2 + 2^2 + \cdots + n^2 \\
&= \frac{1}{3}(n+1)^3 - (n+1)^2 + \\
&\quad \frac{(n+1)(n+2)}{2} - \frac{1}{3}(n+1) \\
&= \frac{1}{6}n(n+1)(2n+1). \qquad \Box
\end{aligned}$$

计算 $S_1(n) = 1 + 2 + \cdots + n$ 及 $S_2(n) = 1^2 + 2^2 + \cdots + n^2$ 之值显然是一对有相似性质的命题, 在我们解决 $S_2(n)$ 的计算时, 也是模仿了求 $S_1(n)$ 时的几何方法, 并且取得成功, 说明了这两个命题间的更深层次的关系. 如果上面的方法不成功, 我们还可寻找它们其他方面的相似点来进行考察, 例如我们已经知道

$$S_1(n) = \frac{1}{2}n(n+1).$$

它是 n 的一个缺常数项的二次多项式, 因此, 我们推测 $S_2(n)$ 也可能是 n 的缺常数项的一个三次多项式. 不妨设

$$S_2(n) = an^3 + bn^2 + cn,$$

其中 a, b, c 为待定系数. 现在用 $n = 1, 2, 3$ 代入上式, 就得到

$$n = 1: \ a + b + c = 1,$$

$$n = 2: \ 8a + 4b + 2c = 5,$$

$$n = 3: \ 27a + 9b + 3c = 14.$$

解之得 $a = \dfrac{2}{6}, b = \dfrac{3}{6}, c = \dfrac{1}{6}$. 从而推得

$$S_2(n) = \frac{1}{6}(2n^3 + 3n^2 + n) = \frac{1}{6}n(n+1)(2n+1).$$

注意, 这个式子是用 $n = 1, 2, 3$ 代入而求得的, 因此, 这仅是一个类比性的推断. 这一推断是否对一切 n 都成立, 还必须借助数学归纳法予以证明 (证明从略). $\square$

下面我们用一点物理知识来推导阿基米德公式.

如图 32, 在数轴 l 上坐标为 i 的位置上放置质量为 i 的质点 $(i = 1, 2, \cdots, n)$,

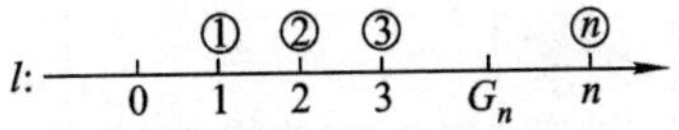

图 32

则

$$S_2(n) = 1^2 + 2^2 + \cdots + n^2$$

$$= 1 \times 1 + 2 \times 2 + \cdots + n \times n.$$

所以, $S_2(n)$ 就是这 n 个质点关于原点的力矩和. 设这 n 个质点的质量中心的坐标为 G_n, 那么, 根据物

理学中力矩的运算法则, 有

$$S_2(n) = G_n(1 + 2 + \cdots + n),$$

即

$$S_2(n) = G_n S_1(n),$$

所以

$$G_n = \frac{S_2(n)}{S_1(n)}.$$

分别取 $n = 1, 2, 3, \cdots$, 依次可得

$$G_1 = \frac{3}{3}, G_2 = \frac{5}{3}, G_3 = \frac{7}{3}, \cdots,$$

所以估计 $\{G_n\}$ 是一个等差数列, 即

$$G_n = \frac{1}{3}(2n + 1).$$

所以

$$\begin{aligned} S_2(n) &= G_n S_1(n) \\ &= \frac{1}{3}(2n + 1) \cdot \frac{1}{2}n(n + 1) \\ &= \frac{1}{6}n(n + 1)(2n + 1). \end{aligned} \qquad \Box$$

当然, 上面的推导过程也只是一个类比性的推导, 利用数学归纳法可以证明, 这个式子是正确的, 这说明了数学、物理这两门学科的内在统一. 阿基米德曾用这一方法计算出了抛物弓形的面积及球体积公式, 这些公式都是非常出色的结果.

类比推理 4.2 计算

$$\boxed{S_3(n) = 1^3 + 2^3 + \cdots + n^3.}$$

这个问题可以有很多思路, 首先会想到的还是把式子倒序相加, 即

$$2S_3(n) = \sum_{i=1}^{n}[i^3 + (n+1-i)^3]$$

$$= (n+1)\sum_{i=1}^{n}[i^2 + (n+1-i)^2 - i(n+1-i)]$$

$$= (n+1)\sum_{i=1}^{n}[3i^2 - 3(n+1)i + (n+1)^2]$$

$$= (n+1)\left[\frac{n(n+1)(2n+1)}{2} - \right.$$

$$\left. \frac{3}{2}(n+1)^2 n + (n+1)^2 n\right]$$

$$= \frac{1}{2}(n+1)^2 n^2.$$

这样, 就得到

$$\boxed{S_3(n) = \frac{1}{4}(n+1)^2 n^2.}$$ □

如果你看一下图 33, 计算一下小正方形的数目, 及这些小正方形的面积和, 那么, 你会发现一种更方便的证明方法:

$$1^3 = 1^2,$$

$$1^3 + 2^3 = (1+2)^2,$$

$$1^3 + 2^3 + 3^3 = (1+2+3)^2,$$

$$\cdots,$$

$$1^3 + 2^3 + 3^3 + \cdots + n^3 = (1+2+3+\cdots+n)^2.$$

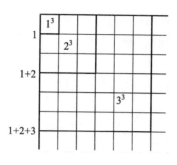

图 33

所以

$$1^3 + 2^3 + \cdots + n^3 = \frac{n^2(n+1)^2}{4}.$$

上面一串式子, 实际上就是恒等式

$$(1 + 2 + \cdots + n - 1)^2 + n^3 = (1 + 2 + \cdots + n)^2$$

当 n 取值为 $1, 2, \cdots, n$ 时的一系列结果的和. 这个恒等式的证明没有任何困难, 由上面的图形也可直接验算出来.

本推理也可用待定系数法推导, 我们把它留给读者.   □

类比推理 4.3 (刘维尔定理) 设 N 是一个正整数, $\{d_1, d_2, \cdots, d_k\}$ 是 N 的所有因子 (含 1 与 N 本身) 的集合. c_i 是 d_i 的因子的个数 $(i = 1, 2, \cdots, k)$, 那么

$$\boxed{c_1^3 + c_2^3 + \cdots + c_k^3 = (c_1 + c_2 + \cdots + c_k)^2}$$

这是由法国数学家 J·刘维尔 (Liouville, 1809—1882) 发现的一个令人惊奇的结果.

例如 $N = 6$, 则它的因子集合为

$$\{1, 2, 3, 6\},$$

每一个因子的所有因子个数的集合为

$$\{1, 2, 2, 4\},$$

则有

$$1^3 + 2^3 + 2^3 + 4^3 = (1 + 2 + 2 + 4)^2 = 81.$$

下面我们来分析一下证明这个推理的基本思路.

假设整数 $N = p^k$, p 是一个素数, 而 k 是一个自然数, 则 N 的因子的集合为

$$\{1, p, p^2, \cdots, p^k\},$$

其中每一个因子的所有因子个数的集合为

$$\{1, 2, 3, \cdots, k+1\}.$$

显然有

$$1^3 + 2^3 + \cdots + (k+1)^3 = [1 + 2 + \cdots + (k+1)]^2.$$

这就证明了若 N 等于单个素数的幂, 那么, 这个 N 一定满足刘维尔定理. 因为任何正整数 N 都可以唯一地写成若干个不同素数的幂的乘积, 所以我们只要证明 "当 N 满足刘维尔定理时, Np^n (p 是

一个不能整除 N 的素数, 而 n 是一个自然数) 也满足刘维尔定理" 即可.

证明 设 N 满足刘维尔定理, 它的因子的集合是 $\{1, A, B, C, \cdots, N\}$, 每个因子的因子个数的集合为 $\{1, a, b, c, \cdots, k\}$, 而根据假设,

$$(1 + a + b + c + \cdots + k)^2 = 1^3 + a^3 + b^3 + c^3 + \cdots + k^3,$$

由于 p 是不能整除 N 的素数, 易知 Np^n 的所有因子的集合为

$$\{1, A, B, C, \cdots, N,$$
$$p, Ap, Bp, Cp, \cdots, Np,$$
$$p^2, Ap^2, Bp^2, Cp^2, \cdots, Np^2,$$
$$\cdots,$$
$$p^n, Ap^n, Bp^n, Cp^n, \cdots, Np^n\},$$

从而 Np^n 的所有因子的因子个数的集合为

$$\{1, a, b, c, \cdots, k,$$
$$2, 2a, 2b, 2c, \cdots, 2k,$$
$$3, 3a, 3b, 3c, \cdots, 3k,$$
$$\cdots,$$
$$n+1, (n+1)a, (n+1)b, (n+1)c, \cdots, (n+1)k\},$$

容易看出, 上面这些因子的因子个数和的平方为

$$[1 + a + b + c + \cdots + k + 2 + 2a + 2b + 2c + \cdots$$
$$2k + 3 + 3a + 3b + 3c + \cdots + 3k + \cdots + (n+1) +$$
$$(n+1)a + (n+1)b + (n+1)c + \cdots + (n+1)k]^2$$
$$= [1 + 2 + 3 + \cdots + (n+1)]^2 \times$$
$$[1 + a + b + c + \cdots + k]^2$$
$$= [1^3 + 2^3 + \cdots + (n+1)^3] \times$$
$$[1^3 + a^3 + b^3 + c^3 + \cdots + k^3]$$
$$= 1^3 + a^3 + b^3 + c^3 + \cdots + k^3 +$$
$$2^3 + (2a)^3 + (2b)^3 + (2c)^3 + \cdots + (2k)^3 +$$
$$\cdots +$$
$$(n+1)^3 + [(n+1)a]^3 + [(n+1)b]^3 +$$
$$[(n+1)c]^3 + \cdots + [(n+1)k]^3.$$

这说明整数 Np^n 也满足刘维尔定理. 这就得到对一切正整数, 刘维尔定理均满足.

刘维尔定理的依据是一些浅显的事实, 但结果却使人感到惊叹. 这就是数学思维的魅力. □

类比推理 4.4 (卡西恒等式) 证明

$$S_4(n) = 1^4 + 2^4 + 3^4 + \cdots + n^4$$
$$= \frac{1}{30}(6n^5 + 15n^4 + 10n^3 - n)$$

这个式子由中亚数学家卡西 (al. Kāshī, 14—15 世纪) 首先提出并证明的.

这个命题与类比推理 4.1, 4.2 的相似性是显而易见的, 因此, 我们还是先用倒序相加的方法试一试. 但有趣的是, 这样做得不到卡西恒等式, 却得到 $S_3(n)$ 的表达式 (有兴趣的读者不妨试一试, 你一定会由此获得一种启迪, 即什么时候倒序相加会成功, 什么时候不会成功). 类似于求 $S_1(n), S_2(n)$ 的几何方法显然也不大可能. 因为 n^4 没有明显的几何意义.

下面的方法是以二项式定理为基础的, 它比前面的几种方法更具有一般性.

证明 根据二项式定理

$$(n+1)^5 = n^5 + 5n^4 + 10n^3 + 10n^2 + 5n + 1,$$
$$n^5 = (n-1)^5 + 5(n-1)^4 + 10(n-1)^3 +$$
$$10(n-1)^2 + 5(n-1) + 1,$$
$$\cdots\cdots$$
$$2^5 = 1^5 + 5 \times 1^4 + 10 \times 1^3 + 10 \times 1^2 +$$
$$5 \times 1 + 1.$$

把上列等式左右分别相加, 经过整理, 容易得到

$$(n+1)^5 = 1 + 5S_4(n) + 10S_3(n) +$$
$$10S_2(n) + 5S_1(n) + S_0(n),$$

式中 $S_0(n) = 1^0 + 2^0 + \cdots + n^0 = n$, 而

$$S_k(n) = 1^k + 2^k + \cdots + n^k (k = 1, 2, 3, 4),$$

从而有

$$5S_4(n) = (n+1)^5 - 10S_3(n) - 10S_2(n) - 5S_1(n) -$$
$$\qquad S_0(n) - 1$$
$$= (n+1)^5 - 10\left(\frac{n(n+1)}{2}\right)^2 -$$
$$\qquad 10\frac{n(n+1)(2n+1)}{6} - 5\frac{n(n+1)}{2} - n - 1$$
$$= \frac{1}{6}(6n^5 + 15n^4 + 10n^3 - n),$$

即

$$S_4(n) = 1^4 + 2^4 + \cdots + n^4$$
$$= \frac{1}{30}(6n^5 + 15n^4 + 10n^3 - n). \qquad \square$$

至此, 我们已经用类比的方法研究了:

$$S_0(n) = 1^0 + 2^0 + \cdots + n^0 = n,$$
$$S_1(n) = 1 + 2 + \cdots + n = \frac{1}{2}n(n+1),$$
$$S_2(n) = 1^2 + 2^2 + \cdots + n^2 = \frac{1}{6}n(n+1)(2n+1),$$
$$S_3(n) = 1^3 + 2^3 + \cdots + n^3 = \frac{1}{4}n^2(n+1)^2,$$
$$S_4(n) = 1^4 + 2^4 + \cdots + n^4$$
$$\qquad = \frac{1}{30}(6n^5 + 15n^4 + 10n^3 - n).$$

但这些都属于类比的个案, 早已为人们知道, 且有些
题已被列入数学史中的名题, 至于把

$$S_k(n) = 1^k + 2^k + \cdots + n^k \quad (k \text{ 为任意自然数})$$

作为整体问题来研究并予解决的是瑞士数学家雅各布·伯努利 (Jacob Bernoulli, 1654—1705). 在他去世后 1713 年出版的著作《猜度术》中记录了这一结果.

图 34　雅各布·伯努利

下面向大家介绍两个一般性的结果.

类比推理 4.5 (关于 $S_0(n), S_1(n), \cdots, S_k(n)$ 的一个递推公式)

根据二项展开式

$$(n+1)^{k+1} = n^{k+1} + C_{k+1}^1 n^k + C_{k+1}^2 n^{k-1} + \cdots + C_{k+1}^{k+1},$$

$$(n-1+1)^{k+1} = (n-1)^{k+1} + C_{k+1}^1 (n-1)^k + C_{k+1}^2 (n-1)^{k-1} + \cdots + C_{k+1}^{k+1},$$

$$\cdots$$

$$(1+1)^{k+1} = 1^{k+1} + C_{k+1}^1 1^k + C_{k+1}^2 1^{k-1} + \cdots + C_{k+1}^{k+1},$$

把上述各式左、右分别相加, 并考虑到 $1^k + 2^k + \cdots + n^k = S_k(n)$, 可得

$$(n+1)^{k+1} - 1$$
$$= C_{k+1}^1 S_k(n) + C_{k+1}^2 S_{k-1}(n) + \cdots + S_0(n).$$

所以

$$C_{k+1}^1 S_k(n)$$
$$= [(n+1)^{k+1} - 1] - C_{k+1}^2 S_{k-1}(n) - \cdots - S_0(n),$$

即

$$\boxed{\begin{array}{l} S_k(n) = \dfrac{1}{k+1}[(n+1)^{k+1} - C_{k+1}^2 S_{k-1}(n) - \\[2mm] \qquad\qquad C_{k+1}^3 S_{k-2}(n) - \cdots - S_0(n) - 1]. \end{array}} \qquad \square$$

这个式子可由 $S_0(n), S_1(n), \cdots, S_{k-1}(n)$ 求 $S_k(n)$, 故称之为递推公式. 下面这个精彩的一般求和公式也应归功于雅各布·伯努利, 是他未经证明而给出的.

类比推理 4.6 对于任何给定的自然数 k, 有

$$\boxed{\begin{array}{l} S_k(n) = 1^k + 2^k + \cdots + n^k \\[2mm] \quad = \dfrac{1}{k+1}[n^{k+1} + C_{k+1}^k B_1 n^k + C_{k+1}^{k-1} B_2 n^{k-1} \\[2mm] \qquad + \cdots + C_{k+1}^1 B_k n], \end{array}}$$

式中的 $B_1 = \dfrac{1}{2}, B_2 = \dfrac{1}{6}, B_3 = 0, B_4 = -\dfrac{1}{30}, \cdots,$ 统称为伯努利数. 只要逐一算出 $B_1, B_2, \cdots, B_k$, 那

么 $S_k(n)$ 的表达式可立即写出. 限于篇幅, 我们对推理的证明只能忍痛割舍了, 有兴趣的读者可以参阅 [德] H. 德里著的《100 个著名初等数学问题 —— 历史和解》, 那里介绍了这一公式的推导和伯努利数的逐一求值方法. 伯努利数在数论与数学分析中均有应用.   □

类比推理 4.5 与 4.6 是两个很有用的推理, 但都是逆推公式, 计算起来并不方便. 因此, 寻找 $S_k(n)$ 的直接计算公式的问题就被提了出来, 这是一个更深刻的问题, 是值得大家去探索一番的, 希望有兴趣的读者来完成这一项工作.

五、等周问题

　　小学生做唱歌游戏时，总是互相手牵着手往外一拉，一个圆形的开阔场地就出现在同学们的前面，这些小学生也就组成了一个圆形的边界 (如图 35). 这就是等周问题的一个生活原型.

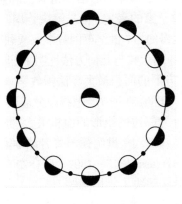

图 35

　　等周问题的历史可追溯到公元前好几百年. 古希腊著名数学家欧几里得已经知道矩形的等周问题的解法. 阿基米德已经知道等周问题的叙述. 公元

前 180 年左右古希腊数学家赛诺多拉 (Zenodros, 前 200 — 前 100) 写了一本《等周图形》的书, 可惜失传了, 幸而书中的 14 个命题为 4 世纪希腊数学家巴普士收入于他所编的《数学汇编》的第五卷中, 才得以保存下来, 其中有:

(1) 周长相等的 n 边形中, 正 n 边形的面积最大;

(2) 周长相等的正多边形中, 边数越多的正多边形面积越大;

(3) 圆的面积比同样周长的正多边形的面积要大;

(4) 表面相等的所有立体中, 以球的体积为最大.

等周问题是那样的简洁而富有实际意义, 从而引起不少数学家的兴趣. 但是解决等周问题的进程却是十分缓慢的. 17 世纪英国数学家沃利斯 (Wallis, 1616—1703) 用代数与几何方法证明了 "周长相等的矩形中, 正方形的面积最大". 法国数学家费马 (Fermat, 1601—1665) 在证明 "把线段分成两个部分, 使以这两部分为邻边的矩形的面积最大" 时应用了微分学的初步知识. 19 世纪德国著名数学家魏尔斯特拉斯 (Weierstrass, 1815—1897) 于 1870 年做的讲演中借助变分法解决了等周问题.

19 世纪人们对不借助于变分法等高等数学的纯几何方法有浓厚的兴趣. 德国著名的几何学家施泰纳 (Steiner, 1796—1863) 用初等方法 (综合方法) 对等周问题作出被称之为优美的证明.

本节的目的在于运用类比的思维方法, 从几个

图 36　施泰纳

最基本的命题开始, 由平面多边形的等周问题到平面一般等周问题, 逐步向前推进, 用初等方法来重现这一段历史过程, 以展示类比方法的魅力.

(一) 平面多边形的等周问题

基本命题 1　三角形的底边长一定, 周长一定, 那么等腰三角形所围成的面积最大.

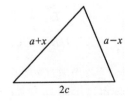

图 37

证明 1　如图 37, 设三角形的底边长为 $2c$, 两腰长分别为 $a+x, a-x$ (a 与 c 为定值, $a>c$), 则

49

根据海伦公式[1], 三角形的面积

$$S = \sqrt{(a+c)(a-c)(c-x)(c+x)}$$
$$= \sqrt{a^2 - c^2} \cdot \sqrt{c^2 - x^2}.$$

所以, 当 $x = 0$, 即三角形为等腰三角形时, 三角形面积最大. □

因为等式中的 x 值等于三角形两腰的差的一半, 故该结论也可表达为:

如果三角形有固定的底边长和周长, 那么, 两腰的差越小, 则其面积越大, 两腰相等时三角形的面积最大.

本命题告诉我们, 一个定底, 定周的非等腰三角形, 可以转化为定底、定周的等腰三角形而使其面积增大.

本命题也可以不借助海伦公式而用纯几何方法解得.

证明 2 如图 38, 设有公共底边的两个三角形 $\triangle ABC$ 及 $\triangle DBC$, 且有

$$AB + AC = DB + DC,$$
$$AB = AC, DB \neq DC.$$

延长 BA 一倍至 C', 连 CC', 则有 $BC \perp CC'$, 作 $AM \perp CC'$ 于点 M, 则 M 是 CC' 的中点, 连

---

[1]设 $\triangle ABC$ 的三条边分别为 $a, b, c, p = \dfrac{1}{2}(a+b+c)$, 则 $\triangle ABC$ 的面积 $S = \sqrt{p(p-a)(p-b)(p-c)}$. 称此公式为海伦公式. 海伦 (Heron) 是古希腊著名数学家. 我国南宋数学家秦九韶也发现了类似的公式.

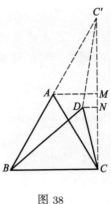

图 38

DC', 作 $DN \perp CC'$ 于点 N, 则有

$$BD + DC = AB + AC = 2AB,$$
$$BD + DC' > 2AB.$$

所以

$$DC' > DC,$$

所以

$$C'N > CN, \quad \text{(射影性质定理)}$$

所以

$$CN < \frac{1}{2}CC' = CM,$$

从而

$$S_{\triangle DBC} < S_{\triangle ABC}. \qquad \square$$

基本命题 2 等底等高 (或等积) 的三角形中, 等腰三角形的两腰和最短.

证明 (如图 39) 已知 $\triangle ABC$, 自 A 作 AA' // BC, BC 的中垂线 DA' 交 AA' 于 A', 则等腰三角形 $\triangle A'BC$ 与 $\triangle ABC$ 同底, 等高. 延长 BA' 一倍至 C' 点, 连 AC', 则易证

$$\triangle AA'C' \cong \triangle AA'C,$$

所以 $\qquad\qquad AC = AC'.$

因为 $\qquad\qquad AB + AC' > BC',$

所以 $\qquad\qquad AB + AC > 2A'B,$

即在同底等高的三角形中, 以等腰三角形的两腰和最小, 从而周长最小. $\qquad\qquad$ □

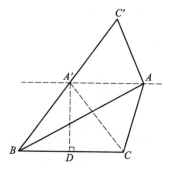

图 39

基本命题 1 与 2 称作互为共轭的命题, 它们从两个不同的侧面, 本质上考察的是同一类问题.

基本命题 3 如图 40, 设 $\triangle ABC$ 中, AB, BC 为定长, 则当 $\angle B$ 为直角时, $\triangle ABC$ 的面积最大.

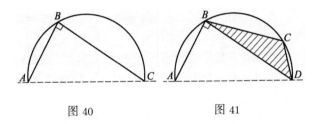

图 40   图 41

证明　如图 40, $\triangle ABC$ 中 AB, BC 为定值,

$$S_{\triangle ABC} = \frac{1}{2} AB \cdot BC \sin \angle B$$
$$\leqslant \frac{1}{2} AB \cdot BC \sin \frac{\pi}{2}.$$

所以, 当 $\angle B$ 为直角时, $\triangle ABC$ 的面积最大. 此时, 点 B 在以 AC 为直径的半圆上.　　　　　□

以此为依据, 如图 41, 容易推得下列推论:

四边形 $ABCD$ 中, 若 AB, BC, CD 为定长, AD 长可变, 则当点 B, C 在以 AD 为直径的半圆上时, 四边形 $ABCD$ 的面积的值最大. 事实上, 如图 41. 当 $\triangle BCD$ 取定后, $\angle ABD = 90°$ 时, 四边形 $ABCD$ 的面积最大, 此时点 B 在以 AD 为直径的半圆上, 同样点 C 也是如此.

下面, 我们以上面的三条基本命题为基础, 进行类比推理.

类比推理 5.1 (施泰纳问题)　固定周长的三角形中, 正三角形的面积最大.

证明 1　设三角形的周长为 $3a$ (a 为定值).

1°　若三角形有一边长为 a, 把这一边看作底边, 则根据基本命题 1, 当另外两边都等于 a 时面

53

积最大. 即当三角形为正三角形时, 三角形的面积最大.

2° 若三角形中没有一条长为 a 的边, 则我们将构造出一个三角形使其周长不变, 面积增大, 且有一条边长度为 a.

事实上 (如图 42), 设 $\triangle PQR$ 中没有一条边长为 a, 故至少有一条边长大于 a, 另一条小于 a, 不妨设 $PQ = a + x > a, PR = a - y < a(x, y$ 均为正值).

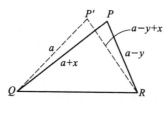

图 42

作 $\triangle P'QR$, 使 $P'Q = a, P'R = a - y + x$, 此时 $\triangle P'QR$ 周长未变, 且

$$|P'Q - P'R| = |a - (a - y + x)| = |x - y|,$$

而

$$|PQ - PR| = |a + x - (a - y)| = |x + y|.$$

注意到 $x > 0, y > 0$, 就有

$$|x + y| > |x - y|,$$

即

$$|P'Q - P'R| < |PQ - PR|.$$

根据基本命题 1 的最后表述可知:

$$\triangle P'QR \text{ 的面积} > \triangle PQR \text{ 的面积.}$$

而 $\triangle P'QR$ 中一边 $P'Q = a$, 且周长为 $3a$, 就回到了证明的第 1° 部分, 从而完成了证明. □

证明 2 如果我们应用一下柯西均值不等式①, 那么, 本推理的证明可以写得更简单.

设 $\triangle ABC$ 的三条边分别是 a, b, c, 而 $a + b + c = 2p$ (定值), 则根据海伦公式, $\triangle ABC$ 的面积

$$\begin{aligned}
S &= \sqrt{p(p-a)(p-b)(p-c)} \\
&\leqslant \sqrt{p} \left(\frac{(p-a)+(p-b)+(p-c)}{3} \right)^{\frac{3}{2}} \\
&= \sqrt{p} \left(\frac{p}{3} \right)^{\frac{3}{2}} = \frac{\sqrt{3}}{9} p^2.
\end{aligned}$$

而等号仅当 $p - a = p - b = p - c$, 即 $a = b = c = \dfrac{2}{3}p$ 时成立, 此时 $\triangle ABC$ 有最大面积

$$S_{\max} = \frac{\sqrt{3}}{9} p^2. \qquad \square$$

我们还可以用反证法来证明类比推理 5.1, 请有兴趣的读者试一试.

现在, 我们从三角形类比推广到平面四边形.

---

①n 个正数的算术平均值必大于或等于其几何平均值, 当且仅当这 n 个数相等时, 等号成立. 即设 $a_1, a_2, \cdots, a_n$ 均为正数, 则有 $\dfrac{a_1 + a_2 + \cdots + a_n}{n} \geqslant \sqrt[n]{a_1 a_2 \cdots a_n}$, 当且仅当 $a_1 = a_2 = \cdots = a_n$ 时, 上式中等号成立.

类比推理 5.2 (定边四边形的等周问题) 已知平面四边形的四条边的长, 则四边形为圆内接凸四边形时面积最大.

证明 1 如图 43 (a), 四边形 $ABCD$ 的四条边分别为 a, b, c, d (a, b, c, d 是定值). 连 BD, 使 A, C 分别在 BD 的两侧, 则由余弦定理可得

$$BD^2 = a^2 + d^2 - 2ad\cos A = c^2 + b^2 - 2cb\cos C,$$

所以

$$a^2 + d^2 - c^2 - b^2 = 2ad\cos A - 2cb\cos C. \qquad (1)$$

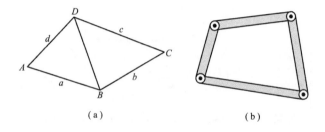

（a）　　　　　　　（b）

图 43

设 S 表示四边形 $ABCD$ 的面积, 则

$$2S = ad\sin A + cb\sin C,$$

即

$$4S = 2ad\sin A + 2cb\sin C. \qquad (2)$$

$(1)^2 + (2)^2$ 得

$$(a^2 + d^2 - c^2 - b^2)^2 + 16S^2$$
$$= 4a^2d^2 + 4c^2b^2 - 8abcd\cos(A + C).$$

上式告诉我们当 $A+C = \pi$ 时, $\cos(A+C) = -1$, 则 S^2 有最大值. 此时, 四边形 $ABCD$ 为圆内接凸四边形, 即定边四边形中, 圆内接凸四边形的面积最大. □

注意: 四边形四边长确定时, 图形是一个非稳定图形. 如图 43(b), 好像一个能变形的四边活络骨架, 可作等周变形. 当骨架的四个支点共圆时, 四边形的面积最大.

类比推理 5.2 也可以不借助于三角计算, 而直接运用综合几何的方法:

证明 2 假设圆内接四边形 $ABCD$ (图 44 (a)) 与非圆内接四边形 $A'B'C'D'$ (图 44(b)) 对应边相等, 即 $AB = A'B', BC = B'C', CD = C'D', DA = D'A'$. 作四边形 $ABCD$ 的外接圆的直径 AE 以及 $\triangle CDE$. 在四边形 $A'B'C'D'$ 的外侧, 作 $\triangle C'D'E'$, 使

$$\triangle C'D'E' \cong \triangle CDE.$$

连 $A'E'$. 因为 AE 是四边形外接圆的直径. 则根据基本命题 3 及其推论, 有

$$S_{ABCE} > S_{A'B'C'E'};$$

$$S_{\triangle ADE} > S_{\triangle A'D'E'}.$$

两式相加, 得

$$S_{ABCED} > S_{A'B'C'E'D'}.$$

因为

$$\triangle CDE \cong \triangle C'D'E',$$

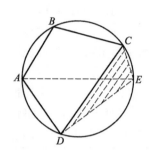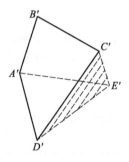

图 44

所以

$$S_{ABCED} - S_{\triangle CDE} > S_{A'B'C'E'D'} - S_{\triangle C'D'E'},$$

即

$$S_{ABCD} > S_{A'B'C'D'}.$$

即当四边形的各边长一定时, 圆内接四边形有最大的面积. □

下面我们对四边形的边的限制作点放宽, 看看可获得什么结果.

类比推理 5.3 若四边形有固定的一条边与周长, 那么, 以固定边为底、其他三条边均相等的等腰梯形所包含的面积最大.

证明 1° 由推理 5.2, 可以知道这个面积最大的四边形一定是一个圆内接凸四边形, 因若不然, 可调整四边形的形状, 使其边长不变而面积增大.

2° 除该四边形那一条固定边外, 为使面积最大, 其他三条边长一定相等. 因若不然, 如图 45, 设

58

定周长四边形 $ABCD$ 中, AB 为定长, $BC \neq CD$. 连 BD, 则根据基本命题 1, 可将 $\triangle BCD$ 等周地变为 $\triangle BC'D$, 使 $BC' = C'D = \frac{1}{2}(BC + CD)$, 就有 $S_{\triangle BC'D} > S_{\triangle BCD}$, 从而有 $S_{ABC'D} > S_{ABCD}$, 即通过上述等周变换能使四边形 $ABCD$ 周长不变而面积增大.

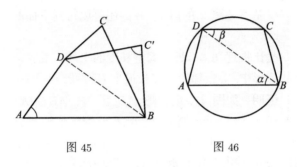

图 45   图 46

3° 现在我们可以假设四边形 $ABCD$ 是圆内接四边形, 且 $BC = CD = DA$ (如图 46). 所以 $\overparen{BC} = \overparen{CD} = \overparen{DA}$.

连 BD, 设 $\angle ABD = \alpha, \angle BDC = \beta$, 则由 $\overparen{DA} = \overparen{BC}$, 得 $\angle \alpha = \angle \beta$. 从而 $AB // CD$.

所以, 四边形 $ABCD$ 是一个以 AB 为底边且 $AD = DC = CB$ 的等腰梯形, 且有 $\angle C = \angle D$. □

下面是一个更一般性的结果.

类比推理 5.4 (平面四边形的等周问题) 在周长一定的平面四边形中, 面积最大的是正方形.

证明 1° 若四边形各边长确定, 由类比推理 5.2 可知, 这个四边形一定是圆内接凸四边形;

2° 这个四边形的各边一定相等, 否则至少有某两条相邻的边不相等, 那么, 我们可以如类比推理 5.3 的证明中第 2° 步那样作等周变换, 使这两条相邻的边变为相等, 而周长不变, 面积增大.

由 1° 和 2° 可知, 这个四边形为圆内接等边四边形, 而圆内接等边四边形一定是正方形, 证明完毕. □

受基本命题 2 的启示, 我们还可以得到下面的结果.

类比推理 5.5 具有固定长度的上底、下底及高的梯形中, 等腰梯形的周长最小 (即两腰和最小).

证明 如图 47, 设梯形 $ABCD$ 中, $AB//DC$, $AB = a, DC = b$ 高为 h, $(a, b, h$ 为定值). 延长 AD、BC 相交于 Q, 得 $\triangle QAB$, 则 $\triangle QAB$ 有固定的底 a, 并由三角形相似可得 $\triangle QAB$ 有固定的高 $H = \dfrac{ah}{a-b}$, 且

$$AQ = \frac{a}{a-b}AD, \quad BQ = \frac{a}{a-b}BC,$$

所以

$$AQ + BQ = \frac{a}{a-b}(AD + BC).$$

由基本命题 2, 当 $\triangle QAB$ 转化为同底、等高且等腰三角形 $Q'AB$ 时, 两腰和最小. 即 $\dfrac{a}{a-b}(AD' + BC')$ 的值最小 (图 48). 从而对应于等腰梯形 $ABC'D'$ 的两腰的和 $AD' + BC'$ 最小.

所以, 等底等高梯形中, 以等腰梯形的两腰和为最小, 此时等腰梯形的周长最小. □

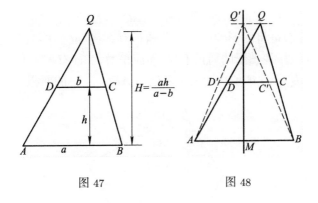

图 47　　　　　　　　图 48

由于等腰梯形必有对称轴, 即两底的共同的中垂线, 从而本推理也可表述如下:

已知底边 (上底和下底) 及高的梯形中有对称轴的梯形, 两腰之和最小.

把一个梯形用上面的方法变形为具有对称轴的等腰梯形的方法, 称之为**施泰纳的对称化方法**. 这种方法在证等周问题中起着重要作用.

以上我们探讨了三角形、四边形的等周问题, 现在我们把它们类比推广到 n 边形上去.

类比推理 5.6　一个有固定周长的 n 边形的面积最大时, 必同时满足下列各条件:

1°　是凸 n 边形;

2°　是等边 n 边形;

3°　是等角 n 边形;

4°　是圆内接 n 边形.

证明　下面的证明与前面诸类比推理的证明类似, 因此, 只作简要提示:

1° 如图 49, 若图形 $ABC\cdots D$ 非凸, 那么, 我们可将图形的凹入部分通过对直线 AC 作镜面反射, 使图形的周长不变, 而面积增大. 即有多边形 $AB'C\cdots D$ 的面积大于多边形 $ABC\cdots D$ 的面积.

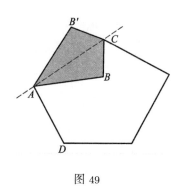

图 49

2° 如果图形不等边, 则至少有一组邻边不等, 如图 50 中, $AB \neq BC$. 连 AC, 则可如基本命题 1 中那样, 将 $\triangle ABC$ 变为 $\triangle AB'C$, 使 $AB' = B'C = \dfrac{1}{2}(AB+BC)$, 则 $\triangle ABC$ 的周长不变而面积增大. 从而使多边形 $ABC\cdots D$ 变为 $AB'C\cdots D$, 周长不变而面积增大.

3° 设有相邻的两角不等, 如图 51 中 $\angle A \neq \angle B$, 则可根据类比推理 5.3 的方法, 将四边形 $ABCE$ 变为以 EC 为下底, 其它三边相等的等腰梯形 $A'B'CE$, 周长不变但面积增大. 此时有多边形 $A'B'C\cdots DE$ 的面积大于多边形 $ABC\cdots DE$ 的面积.

4° 设该 n 边形中有四个顶点不共圆, 如点 A、

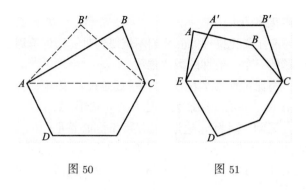

图 50　　　　　　　　图 51

B、C、D 不共圆 (图 52(a)), 连 AB、BC、CD、DA 得四边形 $ABCD$ 及面积块 I、II、III、IV, 则可根据类比推理 5.2, 使四边形 $ABCD$ 各边长不变 (从而面积块 I、II、III、IV 大小不变), 且使 A、B、C、D 共圆. 则此时该 n 边形周长不变, 但面积增大 (图 52(b)). 所以该 n 边形的所有顶点中没有四点不共圆. 即各顶点在同一圆周上.

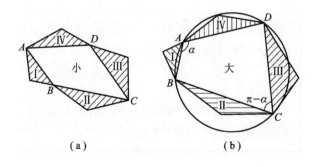

(a)　　　　　　　(b)

图 52

因此, 定周长多边形在取最大面积值时, 必定是圆内接多边形.   □

有了类比推理 5.6, 我们不难得到对 n 边形等周问题的一个一般性的类比推理.

类比推理 5.7 (n 边形的等周定理) 固定周长的 n 边形在面积取最大值时为正 n 边形.

证明 因为 n 边形面积最大时, 必满足: 1° 凸多边形; 2° 等边多边形; 3° 等角多边形; 4° 顶点共圆. 在上述四条中, 满足 1°,2°,3° 或 1°,2°,4° 都可断定是正 n 边形.   □

现在我们再从一个多边形向更多边数的多边形类比.

类比推理 5.8 周长相等的正多边形中, 其边数越多, 面积越大.

证明 设正多边形的固定周长为 l. 图形 ABC 为正三角形 (图 53(a)), 在 BC 上取点 D, 并将 D 看作一个顶点, 则 $ABDC$ 可以看成一个四边形, 其中 $\angle BDC = \pi$, 周长为 l, 根据类比推理 5.7, 以 l 为周长的正四边形 $EFGH$ 有更大的面积 (如图 53(b)), 然后再在 EF 上取点 Q, 视为一个五边形, 同理可得等周的正五边形 $KLMNU$, 它具有更大的面积 (如图 53 (c)) ⋯⋯

依此类推就得到: 等周的正 n 边形中, 边数 n 越大, 则所围成的面积也越大.   □

(二) 平面的一般等周定理

下面所介绍的是解决平面一般等周定理的纯粹的初等的综合方法. 这项任务主要是由当时著名的德国几何学家施泰纳完成的.

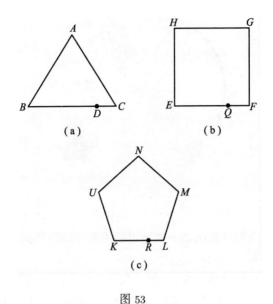

图 53

关于平面等周定理还有一段美丽的传说: 古希腊之前, 泰雅 (Tyre) 国王的一个逃亡的女儿泰都 (Dido) 经过冒险之后到达非洲海岸, 在那里她被允许得到一块 "用一张牛皮能围起来的土地". 精明的泰都将牛皮切成很细的条, 再把切好的牛皮条一段一段地连结起来, 得到一根很长的牛皮条, 然后她以海岸线 (不必用牛皮条) 为直径, 用牛皮条围成一个半圆, 从而获得了一块具有很可观面积的土地.

为了纪念这位聪明过人的泰都, 我们常把这类平面等周问题称为泰都问题.

等周问题虽然产生于二千多年之前, 但是研究的进展却十分缓慢. 直至 19 世纪, 德国的大几何学

图 54

家施泰纳才提出如下文所说的关于等周问题的优美
的证明.

类比推理 5.9 (平面一般等周问题) 在所有具
有等周 (即有相等周长) 的平面图形中, 圆有最大的
面积.

施泰纳提出多种证明方法, 下面首先介绍最易
读懂也最优美的一种证法.

证明 1 在一个等周图形中, 等周曲线所围成
的图形的面积最大者必满足如下三点.

1° 等周图形中, 面积最大者必是凸图形. 若不
然, 可将凹入部分 (图 55 中直线 AB 下方阴影部分)
以 AB 为轴作镜面反射, 使图形的周长不变但面积
增加 (图 55).

2° 等分等周曲线周长的直线 AB, 必等分所围
图形的面积. 若不然可以将面积较大部分 (图 56 中
直线 AB 的下方) 以 AB 为轴反射过去, 取代面积
较小部分, 使图形周长未变而面积增大 (图 56).

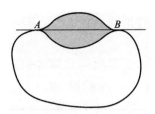

图 55

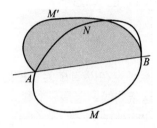

图 56

3° 设 AB 是等分等周曲线长度的弦, $\overset{\frown}{AMB}$ 是 AB 所对的半曲线, 则 $\overset{\frown}{AMB}$ 与 AB 所围成区域的面积是曲线所含面积之半. 当曲线 $\overset{\frown}{AMB}$ 与 AB 所围成的图形面积最大时, 曲线所含的面积也最大. 此时, 对于 $\overset{\frown}{AMB}$ 上任一点 P, 必有 $\angle APB = \dfrac{\pi}{2}$ (图 57).

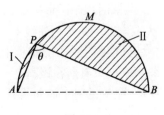

图 57

这是因为半曲线 $\overparen{AMB}$ 与弦 AB 所围成的区域的面积

$S =$ 区域 I 的面积 + 区域 II 的面积 + $\dfrac{1}{2}PA \cdot PB \sin\theta$ (图 57).

当 P 取定后, 区域 I 和 II 是不变的, 为使 S 值最大, 可调节 A 与 B 的距离 (这不会影响曲线的长度) 使 $\sin\theta$ 取最大值 1, 此时,

$$\theta = \frac{\pi}{2}.$$

这样, P 点必定在以 AB 为直径的圆周上. 由 P 的任意性, 这条曲线一定是一个圆. □

我们还可以用类比推理 5.2 的方法来证明本类比推理.

证明 2 首先, 等周曲线所围成的图形在面积最大时一定是凸图形.

现在我们来证明该凸图形的边界上的每一点均在同一圆周上.

设 A, B, C, D 是这一条等周曲线上按顺序排列的四点 (图 58), 则该图形可看成由四个固定的块 (图 58 中阴影部分) 与四边形 $ABCD$ 组成. 所以, 只有当 A、B、C、D 共圆时该凸图形的面积才会最大.

现在, 若先取定这一条等周曲线上 A、B、C 三点, 作 $\triangle ABC$ 的外接圆 (图 59), 根据上面所说, 这一曲线上任意一点 D 只有落在该圆上, 才能使整个图形的面积最大, 这就说明了该曲线必为圆. 所以等周图形中, 圆的面积最大. □

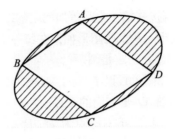

图 58

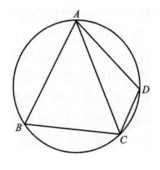

图 59

以上两种方法, 仅用了一些浅显的数学知识就说明了这样一个深刻的问题, 一定会令每一个读者惊叹不已. 但是, 施泰纳的方法也不是十全十美的, 因为他增加了一个前提, 即他假定了这样的等周曲线一定存在 (他认为这是不证自明的). 关于等周曲线的存在性的证明是由魏尔斯特拉斯在 1870 年求助于变分法才得以解决.

证明 3 下面介绍一种利用施泰纳对称变换来证明平面等周问题的方法. 虽然读起来稍微困难一

些, 但它可直接移植于空间等周问题的综合法证明.

预备定理 一个凸图形如果在每一个方向都有对称轴, 那么, 它一定是圆.

证明 如图 60, 设 l_1 与 l_2 是图形的两条互相垂直的对称轴, O 是它们的交点, 设 P 是图形内的任一点, P 关于 l_1 的对称点为 P', P' 关于 l_2 的对称点为 P'', 则 P'' 与点 P 关于点 O 对称, 即 O 为图形的一个对称中心. 容易看出, 图形的对称中心是唯一的, 若不然, 如图 61 那样, 存在两个对称中心 O 与 O', P 是图形内任一点, 依次作 P 关于 O 的对称点 P', P' 关于 O' 的对称点 P'', P'' 关于 O 的对称点 P''', $\cdots$, 因为 $PP'' = P''P'''' = \cdots = 2OO'$, 且 $P, P'', P''', \cdots$ 在一条直线上, 所以不会多久, 对称点将越过图形的边界 (如图 61). 显然这是不合理的, 因此, 对称中心 O 是唯一的, 从而所有的对称轴都通过点 O.

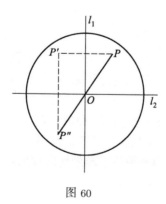

图 60

设 Q 是图形边界上一定点, P 是图形边界上的

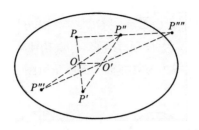

图 61

任意点, 连 PQ, 则容易证明, PQ 的中垂线一定是该凸图形在这一方向上的一条对称轴, 因此, 它必过点 O, 所以 $OP = OQ$. 这证明图形边界上任一点 P 到 O 点的距离都等于 OQ (设为 r), 所以, 图形一定是一个以 O 为圆心, r 为半径的圆. 预备定理证明完毕. 现着手证明等周问题. 先证

命题 等面积的平面图形中周长最小者, 必在任何方向都有对称轴.

证明 (反证法) 假如图形 F 在平行直线 l 的方向上无对称轴 (图 62(a)). 且是等积图形中周长最短者.

如图 62 (a), 用垂直于直线 l 的一系列直线平行切割图形 F, 分别交图形 F 的边界于 $A, A', B, B',$ $C, C', \cdots$, 把图形 F 分割成若干细条, 假如条子是那样的细, 以至于每一条均可用一个梯形条来代替, 则图形 F 可以看成由一系列梯形合成, 梯形的两腰构成 F 的边界. 然后, 以每一条割线与直线 l 的交点 (如图 62(b) 中的 $A_0, B_0, C_0, \cdots$), 分别向左、向右各取垂线段 $\overline{A A_0} = A_0 \overline{A'} = \frac{1}{2} AA', \overline{B B_0} = B_0 \overline{B'} =$

71

$\frac{1}{2}BB', \overline{C}C_0 = C_0\overline{C'} = \frac{1}{2}CC', \cdots$ 并分别依次连结 $\cdots\overline{A}\,\overline{B}\,\overline{C}\cdots$ 及 $\cdots\overline{A}'\,\overline{B}'\,\overline{C}'\cdots$, 则构成一个与 F 等积、且以直线 l 为对称轴的图形 F' (图 62(b)).

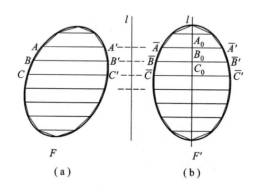

图 62

从类比推理 5.5 可以看出, 图形 F 与 F' 等积. 但图形 F' 的周长比图形 F 周长要小. 这与图形 F 是等积图形中周长最小的假设相矛盾. 故等积图形中的周长最小者必在每一方向都有对称轴. 再根据预备定理, 即可得等面积而周长最小的图形是一个圆 (本证明的更严格叙述, 需要极限知识).

现在来证原定理: "在周长相同的图形中面积最大的图形是圆".

如图 63, 设 A 表示一个圆, B 表示一个与 A 等周的非圆图形, C 表示与 B 等积的圆. 分别用 C_A, C_B, C_C 表示这三个图形的周长, S_A, S_B, S_C 表示这三个图形的面积.

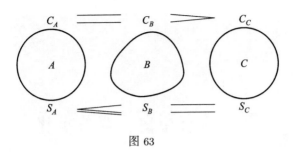

图 63

如果原定理不成立, 则可能

$$S_B \geqslant S_A,$$

所以

$$S_C = S_B \geqslant S_A.$$

从而圆周长

$$C_C \geqslant C_A.$$

但因为 B 与 C 等面积, 根据前面所证的预备定理及命题, 有

$$C_C < C_B = C_A.$$

这就导致矛盾.

所以, 在周长相等的图形中, 圆的面积最大. □

等周问题除平面等周问题外, 还有空间等周问题: "表面积相等的立体图形中, 球体的体积最大". 这个命题可以直接从类比推理 5.9 (证 3) 类比推广过来, 限于篇幅不再介绍了. 等周问题还有许多有趣的问题、方法和应用, 也留给有兴趣的读者自己去探索.

六、从有限向无限的类比

前面我们的类比都是在有限的范围内进行的,
类比能否从有限扩展到无限呢?

1673 年奥尔登伯格在给莱布尼茨的信中提出问
题: 求无穷级数

$$\frac{1}{1^2} + \frac{1}{2^2} + \frac{1}{3^2} + \cdots + \frac{1}{n^2} + \cdots$$

的和. 莱布尼茨未能求出其解, 1689 年雅各布·伯努
利也承认解不出这个问题, 他写道: "假如有人能够
求出这个我们知道现在还未能求出的和, 并能把它
通知我们, 我们将会很感谢他."

这个问题引起了欧拉的关注, 他把具有无穷多
解的超越方程和仅具有有限多个根的代数方程类比,
出色地解决了这个被称为伯努利级数和的问题.

下面我们介绍欧拉这种创新方法的梗概.

类比推理 6.1 (伯努利级数求和公式)
大家都知道一个复系数的 n 次方程

$$a_0 x^n + a_1 x^{n-1} + \cdots + a_n = 0$$

图 64　欧拉

有 n 个复数根：$\alpha_1, \alpha_2, \cdots, \alpha_n$，那么方程可写成

$$a_0(x - \alpha_1)(x - \alpha_2) \cdots (x - \alpha_n) = 0.$$

如果 $\alpha_1, \alpha_2, \cdots, \alpha_n$ 均不等于 0，那么这个方程可唯一地写成

$$\left(1 - \frac{x}{\alpha_1}\right)\left(1 - \frac{x}{\alpha_2}\right) \cdots \left(1 - \frac{x}{\alpha_n}\right) = 0.$$

但这个式子只有在 n 为有限的自然数时才能成立. 大数学家欧拉凭着他非凡的数学洞察力, 把 n 的值大胆地从有限值类比推广到无穷, 从而获得下面这一著名的推断：

$$1 + \frac{1}{2^2} + \frac{1}{3^2} + \cdots + \frac{1}{n^2} + \cdots = \frac{\pi^2}{6}.$$

他的方法大致是这样的：

对于一切有限值 x, 函数 $\sin x$ 都可以展开成下列级数

$$\sin x = x - \frac{x^3}{3!} + \frac{x^5}{5!} - \frac{x^7}{7!} + \cdots,$$

从而在 $x \neq 0$ 时有

$$\frac{\sin x}{x} = 1 - \frac{x^2}{3!} + \frac{x^4}{5!} - \frac{x^6}{7!} + \cdots.$$

所以方程

$$\frac{\sin x}{x} = 0 \qquad (1)$$

等价于

$$1 - \frac{x^2}{3!} + \frac{x^4}{5!} - \frac{x^6}{7!} + \cdots = 0. \qquad (2)$$

容易看出方程 (1) 的所有解为

$$\pm\pi, \pm 2\pi, \cdots, \pm n\pi, \cdots$$

从而有无穷多对根, 故可类比地把方程 (1) 写为

$$(x^2 - \pi^2)(x^2 - 2^2\pi^2)\cdots(x^2 - n^2\pi^2)\cdots = 0,$$

并改写为

$$\left(1 - \frac{x^2}{\pi^2}\right)\left(1 - \frac{x^2}{2^2\pi^2}\right)\cdots\left(1 - \frac{x^2}{n^2\pi^2}\right)\cdots = 0. \qquad (3)$$

这个方程左边的常数项为 1, 因此方程 (2) 与 (3) 应是 "全同" 的方程, 即在这两个方程左边的展开式中, 同类项的系数相同.

现在我们比较方程 (2) 和 (3) 中 x^2 项的系数, 得

$$\frac{1}{3!} = \frac{1}{\pi^2} + \left(\frac{1}{2\pi}\right)^2 + \cdots + \left(\frac{1}{n\pi}\right)^2 + \cdots.$$

所以

$$1 + \frac{1}{2^2} + \frac{1}{3^2} + \cdots + \frac{1}{n^2} + \cdots = \frac{\pi^2}{6}. \qquad (4)$$

这是一个非常漂亮的结果. 但欧拉明白, 由于他取消了 "n 是一个自然数" 的限制. 整个推理过程只能算作一个类比过程, 只是一个合理的猜想. 因此, 结果 (4) 的正确性, 还必须用其他方法, 予以严格论证. 这一点欧拉自己也十分清楚, 他分别计算了公式 (4) 的左右两端至小数点后 6 位, 发现左右均是相等的, 使欧拉确认公式 (4) 正确性的信念大大增强. 后来欧拉又用同样的方法, 导出著名的莱布尼茨级数的和:

$$1 - \frac{1}{3} + \frac{1}{5} - \frac{1}{7} + \frac{1}{9} - \frac{1}{11} + \cdots = \frac{\pi^2}{4},$$

这个公式的正确性早已为人们所知道. 至此, 欧拉认为: "这对我们的那个被认为还有某些不够可靠之处的方法, 现在可以充分肯定了." 但欧拉仍然没有停止探讨. 直至十年后, 欧拉才对公式 (4) 给出了严格的证明, 至今我们已经可以看到这个公式的好多严格的证明了.

欧拉十分珍惜他在这方面的工作, 并在他发表于 1748 年的著作《引论》中给出了

$$1 + \frac{1}{2^n} + \frac{1}{3^n} + \cdots + \frac{1}{k^n} + \cdots$$

当 $n = 2 \sim 26$ 的偶数值时的解.

对于 n 为偶数的情况, 欧拉还得到了如下最优

美的式子:

$$\sum_{k=1}^{\infty}\frac{1}{k^{2n}}=(-1)^{n-1}\frac{(2\pi)^{2n}}{2(2n)!}B_{2n},$$

其中 B_{2n} 就是前面讲到过的第 $2n$ 个伯努利数. 但这一公式至 1755 年才由欧拉在他的《原理》中真正建立. □

欧拉抓住了事物之间的某种相似性. 大胆类比与猜测, 获得了一个又一个美妙的结果, 犹如发掘了一个又一个的知识宝库. 但也应该注意到, 欧拉在注意相关事物的相似性的同时, 有时也忽视了它们的差异性, 因此, 欧拉在运用类比猜想中, 也有过差误. 如他曾得出

$$1-1+1-1+\cdots=\frac{1}{2}$$

这样错误的结论. 但不管怎么说, 在欧拉那里我们看到的仍是类比的巨大魅力.

下面几何方面的例子引自我的老师乐嗣康的文章:《托勒密定理与欧拉定理的统一》.

类比推理 6.2 (从托勒密定理到欧拉定理) 古希腊大数学家托勒密 (Ptolmy, 约 85—165) 提出过一个著名的定理 (**托勒密定理**): 如图 65, 设 $ABCD$ 是一个圆内接凸四边形, 则有

$$AB\cdot CD+AD\cdot BC=AC\cdot BD. \quad (证明从略)$$

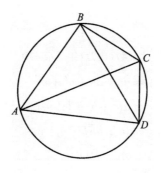

图 65

现在, 我们类比地设想圆的半径无限地增大, 这样, 圆周逐渐趋向一条直线. A, B, C, D 也就成为直线上的四点了, 从而我们类比地推得如下的结果:

(欧拉定理) 如图 66, 设 A, B, C, D 是直线 l 上的顺次四点, 则有

$$AB \cdot CD + AD \cdot BC = AC \cdot BD.$$

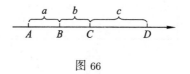

图 66

证明 如图 66, 设 $AB = a, BC = b, CD = c$, 则

$$AB \cdot CD = ac, \quad AD \cdot BC = (a+b+c)b,$$

所以

$$AB \cdot CD + AD \cdot BC$$
$$= ac + ab + b^2 + cb$$
$$= a(c + b) + b(b + c)$$
$$= (a + b)(b + c)$$
$$= AC \cdot BD.$$

本定理是由欧拉在 1747 年提出并证明的.

这次成功的类比告诉我们, 某些有关圆的几何命题, 往往在直线上也可能有类似的命题, 当然反过来也可这样思考. □

下面是一个代数方面的例子.

著名的牛顿二项式展开式定理, 就是根据自然指数的二项式定理, 运用类比方法获得的, 它是牛顿创造微积分的得力工具.

类比推理 6.3 (从自然数指数的二项式定理到牛顿的二项式级数展开式)

二项式定理原本指的是 $(a + b)^n (n \in \mathbf{N}^*)$ 的展开方法, 即

$$(a + b)^n = \sum_{k=0}^{n} \mathrm{C}_n^k a^{n-k} b^k.$$

这个展式的关键之处是确定此展开式的系数. 当 n 为正整数时, 我国北宋的贾宪 (约 11 世纪) 已经知道了这一点, 他所给出的二项式系数三角形 (杨辉三角形) 和西方所称的帕斯卡 (Pascal, 1623—1662)

三角形除排列形状稍有区别外, 完全一致, 但时间要早许多.

牛顿的贡献在于, 他用类比的方法, 将二项展开式的指数从正整数推广到分数及负数上去, 从而使二项展开式由有限项扩充到无限项. 这样, 展开式就变成一个无穷级数 (二项式级数).

下面我们来推敲一下牛顿当时的思路:

在当时, 牛顿等数学家已经掌握了下面式子: 设二项展开式的指数为 $\alpha(\alpha \in \mathbf{N})$, 则

$$(1+x)^{\alpha} = \sum_{k=0}^{\alpha} C_{\alpha}^{k} x^{k} = \sum_{k=0}^{\alpha} \frac{\alpha!}{(\alpha-k)!k!} x^{k}$$
$$= \sum_{k=0}^{\alpha} \frac{\alpha(\alpha-1)\cdots(\alpha-k+1)}{k!} x^{k}.$$

(注意: 在上述式子中, 当 $k=0$ 时, 对应项为 1.)

如果我们不考虑和式号的上限, 那么式子就可写为

$$(1+x)^{\alpha} = \sum_{k=0} \frac{\alpha(\alpha-1)\cdots(\alpha-k+1)}{k!} x^{k}$$
$$(k=0,1,2,\cdots).$$

从形式上看, 这个式子中的 α 不但可以取正整数, 也可以取分数、负数, 但这时右边成为一个无穷级数, 且左边和右边是否相等也不得而知. 牛顿的高明之处在于, 他通过对实际例子的观察检验, 如把展开式与实数的十进小数去比较, 发现了它们相似之处, 于是通过类比, 牛顿判定对一切正整数、分数

及负数 α, 均有展开式

$$
\begin{aligned}
&(1+x)^{\alpha} \\
&= \sum_{k=0} \frac{\alpha(\alpha-1)\cdots(\alpha-k+1)}{k!} x^k \\
&= 1 + \alpha x + \frac{\alpha(\alpha-1)}{2} x^2 + \frac{\alpha(\alpha-1)(\alpha-2)}{3!} x^3 + \cdots.
\end{aligned}
$$
$$(*)$$

它可以写成为

$$
(1+x)^{\alpha} = A_1 + A_1\alpha x + A_2 \frac{\alpha-1}{2} x + A_3 \frac{\alpha-2}{3} x + \cdots.
$$

式中 $A_1 = 1$ 表示级数的第一项, A_i 依次分别表示展开式的第 i 项 $(i = 1, 2, 3, \cdots)$.

所以, 级数的各项之间的关系是:

$$
A_1 = 1,
$$
$$
A_i = A_{i-1} \frac{\alpha-i+2}{i-1} x \quad (i = 2, 3, 4, \cdots).
$$

若取 $\alpha = \dfrac{m}{n}(m, n$ 是互质的自然数), 牛顿就得到

$$
(1+x)^{\frac{m}{n}} = 1 + \frac{m}{n} x + \frac{m-n}{2n} A_2 x + \frac{m-2n}{3n} A_3 x + \cdots,
$$
$$(**)$$

这就是当指数为分数时的牛顿二项展开式.

牛顿对所得二项展开式在 $\alpha = \dfrac{1}{2}, \alpha = -1$ 时作了验证, 结论是正确的. 如令 $\alpha = \dfrac{1}{2}$, 则由展开式 $(**)$ 可得,

$$
(1+x)^{\frac{1}{2}} = 1 + \frac{1}{2} x - \frac{1}{8} x^2 + \frac{1}{16} x^3 - \cdots.
$$

由于

$$\left(1+\frac{1}{2}x-\frac{1}{8}x^2+\frac{1}{16}x^3-\cdots\right)^2$$
$$=1+x+0\cdot x^2+0\cdot x^3+\cdots=1+x,$$

可见此时的展开式是正确的.

又如令 $\alpha=-1$, 则由牛顿二项展开式 (*) 可得

$$(1+x)^{-1}=1-x+x^2-x^3+\cdots,$$

由于

$$(1+x)(1-x+x^2-x^3+\cdots)$$
$$=1-x+x^2-x^3+\cdots+x-x^2+x^3-x^4+\cdots$$
$$=1,$$

可见当 $\alpha=-1$ 时, 展开式

$$(1+x)^{-1}=1-x+x^2-x^3+\cdots$$

也是成立的.

于是牛顿通过类比判断, 得到: 对一切正整数、分数及负数幂指数, 二项展开式都是正确的.   □

牛顿是在 1664—1665 年冬季, 在研读沃利斯的《无穷算术》, 并试图修改他的求圆面积, 即计算 $\int_0^1 (1-x^2)^{\frac{1}{2}}\mathrm{d}x$ 的级数展开时, 受启发而获得此定理的. 1676 年, 在致函莱布尼茨的信时首次公布了这个定理.

1811 年, 德国数学家高斯严格证明了指数为分数与负数时的二项式定理, 距牛顿的类比发现已 135 年.

在数学中"有限"和"无限"之间是有巨大的落差的, 它们之间的类比有时能产生令人惊奇的结果, 但也存在很大的风险. 例如,

在欧拉的时代, 有人在计算无穷级数

$$A = 1 - 1 + 1 - 1 + 1 - 1 + \cdots$$

时提出过三种方法:

方法一: $A = (1-1) + (1-1) + (1-1) + \cdots = 0$,

方法二: $A = 1 - (1-1) - (1-1) - \cdots = 1$,

方法三: $A = 1 - (1-1+1-1+1+\cdots) = 1 - A$,

即 $2A = 1$,

所以, $A = \dfrac{1}{2}$.

这些都是把有限范畴内的运算规律直接用于无限问题的运算, 从而导致错误, 事实上这是一个发散级数, 级数和不存在. 因此, 在做这方面类比时, 不但需要大胆, 更需要谨慎.

七、代数方程的根式求解问题

代数方程指的是

$$a_0 x^n + a_1 x^{n-1} + \cdots + a_n = 0,$$

其中 n 为自然数, 系数 $a_0, a_1, a_2, \cdots, a_n$ 均为复数.

研究代数方程解的问题, 自古以来一直是数学研究中的重要课题.

一元二次方程的求解问题早已为古巴比伦人所知道.

一元三、四次方程用根式求解问题, 由 16 世纪的意大利数学家塔尔塔利亚 (Tartaglia N., 1500—1557) 与费拉里 (Ferrari L., 1522—1565) 等人解决.

五次及五次以上方程的根式求解一直没有进展, 直至 19 世纪才由年轻的数学家阿贝尔 (Abel N. H., 1802—1829)、伽罗华 (Galois E., 1811—1832) 所解决. 答案是: 不是所有高于 5 次 (含 5 次) 的代数方程都能用根式求解, 伽罗华的工作导致了一门代数分支 —— 群论的诞生.

下面让我们来回顾一下这一段历史过程.

基本命题: 如果方程 $x^2 = a$, 那么方程解的一般形式为 $x = \pm\sqrt{a}$.

类比推理 7.1 (一元二次方程的求根公式)

对一元二次方程都可写成这样的形式

$$y^2 + ay + b = 0,$$

通过配方, 可得

$$\left(y + \frac{a}{2}\right)^2 + b - \frac{a^2}{4} = 0.$$

作变换 $x = y + \dfrac{a}{2}$, 即 $y = x - \dfrac{a}{2}$, 得到

$$x^2 = p \quad \left(p = \frac{a^2}{4} - b\right).$$

利用基本命题, 解之得

$$x = \pm\sqrt{p}.$$

所以, 原方程的求根公式为

$$y = x - \frac{a}{2} = \frac{1}{2}\left(-a \pm \sqrt{a^2 - 4b}\right). \qquad \Box$$

公元前 2000 年左右, 古巴比伦人已经掌握了上述公式. 现在我们类比一元二次方程, 来研究一元三次方程的求解.

类比推理 7.2 (塔尔塔利亚公式) (一元三次方程的根式求解)

一元三次方程可以写成下面形式

$$y^3 + ay^2 + by + c = 0.$$

现在类比一元二次方程求解程序来探求一元三次方程的解法.

1°　作变量代换 $y = x - \dfrac{a}{3}$, 得方程

$$x^3 + px + q = 0,$$

其中 $p = -\dfrac{a^2}{3} + b, q = \dfrac{2}{27}a^3 - \dfrac{ab}{3} + c.$

图 67　塔尔塔利亚

2°　上面通过变换 $y = x - \dfrac{a}{3}$, 消去了 x^2 项, 得 $x^3 + px + q = 0,$

但此时的方程仍然解不出, 于是就要思考是否再通过某种变量代换, 使方程变为可解, 这是问题的难点, 变量代换的方案很多, 这里介绍的仅是其中之一.

设

$x = u + ku^{-1}$ (这里 k 与 u 都可以变化).

代入方程, 得

$$(u + ku^{-1})^3 + p(u + ku^{-1}) + q = 0,$$

即

$$u^3 + (3k + p)(u + ku^{-1}) + k^3 u^{-3} + q = 0.$$

取

$$k = -\frac{p}{3}, \text{ (请读者想想为什么要这样做?)}$$

就得到

$$u^3 + \left(-\frac{p}{3}\right)^3 u^{-3} + q = 0,$$

即

$$(u^3)^2 + qu^3 - \frac{p^3}{27} = 0,$$

从而

$$u^3 = \frac{-q \pm \sqrt{q^2 + 4p^3/27}}{2},$$

所以

$$u = \sqrt[3]{\frac{-q \pm \sqrt{q^2 + 4p^3/27}}{2}}.$$

不妨取带 "+" 号的根 (若取带 "−" 号的根, 最后得到的结果是一样的, 读者可自行验证), 就有

$$u = \sqrt[3]{\frac{-q + \sqrt{q^2 + 4p^3/27}}{2}},$$

则

$$u^{-1} = \sqrt[3]{\frac{2}{-q + \sqrt{q^2 + 4p^3/27}}}$$

$$= \sqrt[3]{\frac{2(-q - \sqrt{q^2 + 4p^3/27})}{-4p^3/27}}$$

$$= \frac{-3}{p}\sqrt[3]{\frac{-q - \sqrt{q^2 + 4p^3/27}}{2}},$$

所以可得塔尔塔利亚公式

$$x = u + ku^{-1} = u - \frac{p}{3}u^{-1}$$

$$= \sqrt[3]{\frac{-q + \sqrt{q^2 + 4p^3/27}}{2}} +$$

$$\sqrt[3]{\frac{-q - \sqrt{q^2 - 4p^3/27}}{2}}. \qquad \Box$$

受塔尔塔利亚方法的启示, 费拉里类比地解决了一元四次方程的根式求解问题.

类比推理 7.3 (费拉里解法) (一元四次方程的根式求解)

设一元四次方程是

$$y^4 + ay^3 + by^2 + cy + d = 0,$$

类比一元三次方程求解.

1° 先作变量代换 $y = x - \dfrac{a}{4}$, 可得缺项四次方程

$$x^4 + px^2 + qx + r = 0,$$

其中 p, q, r 分别是 a, b, c, d 的一个代数表示式.

2° 先把原方程变为

$$x^4 = -px^2 - qx - r,$$

再引入一个辅助变量 u^2, 两边同时加上 $2x^2u^2 + u^4$, 再使方程同解地变为

$$(x^2 + u^2)^2 = 2u^2x^2 + u^4 - px^2 - qx - r,$$

即

$$(x^2 + u^2)^2 = (2u^2 - p)x^2 - qx + u^4 - r.$$

上述方程的左边是一个完全平方式. 如果右边也是完全平方式, 则可两边开方, 使方程降次. 而右边是完全平方式的条件是它的判别式

$$\Delta = (-q)^2 - 4(2u^2 - p)(u^4 - r) = 0,$$

即

$$8u^6 - 4pu^4 - 8ru^2 + 4pr - q^2 = 0.$$

这是一个 u^2 的三次方程. 由塔尔塔利亚公式, 可以求得 u^2. 由此可以推得原方程可以通过降次解决求解问题. 这是一个十分巧妙的思路, 它来自费拉里与韦达. □

一元四次方程求解虽比一元三次方程求解复杂一些, 但基本构思是一脉相承的, 即先利用配方法, 把方程变为缺项方程, 再引入第二个辅助变元, 使方程降阶, 成为可解. 第二个辅助变元的引入是最富有技巧的, 它是决定解题成败的关键.

关于一元三次方程与一元四次方程的求根公式，还有一段值得一谈的历史故事：

16 世纪，数学家们都在关注求解代数方程，寻找一元三、四次方程的求根公式是当时数学家们的黄金课题。

三次方程求根公式最先刊登于 1545 年卡尔达诺 (Cardano Girolamo, 1501—1576) 的著作《大法》(Ars magna) 里，故大家称它为卡尔达诺公式。但实际上这一公式最早是由意大利数学家费罗 (Ferro, 1465—1526) 所获得，但他一直保密。因为，在那个时代数学家往往将自己所掌握的知识保密，以便在向对手挑战的时候显示自己的实力。直至费罗临终之前才将这一方法告诉他的学生菲奥尔 (Fior)。时势造人才，16 世纪关注三次方程解法的已绝非只此一人，一位外号叫塔尔塔利亚 (口吃者) 的意大利数学家也掌握不少求解一元三次方程的方法。费罗去世后，菲奥尔向塔尔塔利亚提出挑战，要他解答 30 个一元三次方程的问题。塔尔塔利亚起而应战，且作了艰苦的准备，基本上掌握了一元三次方程的求根公式，以至只用很短时间就答完了菲奥尔提出的 30 个问题，并从此名声大振。

当卡尔达诺得知塔尔塔利亚已获得了一元三次方程 $x^3 + px + q = 0$ 求根公式消息之后，央求塔尔塔利亚把方法告诉他，并答应为他保密，但事后卡尔达诺违背了诺言，将这一公式发表在他的著作《大法》之中。因此，也有人把这一公式称作 "卡尔达诺公式"。我们这里仍把此公式叫做塔尔塔利亚公式。

一元三次方程求根公式发现之后, 未过多久, 卡尔达诺的一位年轻学生费拉里, 类比一元三次方程, 解决了一元四次方程的求根公式的问题 (即费拉里解法). 当塔尔塔利亚求得了一元三次方程求根公式, 费拉里拿下了一元四次方程求根公式之后, 人们把目光瞄到了一元五次、六次、⋯ 方程. 似乎很快都将一一拿下. 然而一过就是 300 年, 一个新的公式也没有得到, 直至 19 世纪阿贝尔与伽罗华的出现, 才改变了人们对这一问题的认识和期待.

图 68   阿贝尔   图 69   伽罗华

类比推理 7.4 (关于五次及五次以上方程的根式求解)

上面我们用类比的方式重新审视了寻找一元二次方程、三次方程、四次方程求根公式的历史过程. 可以说这种类比是比较直接的类比 (尽管技巧也各有不同), 但当用类似的方法来对付五次方程时, 却屡屡碰壁. 这是因为一元四次 (及以下) 的方程与一元五次 (及以上) 方程间有本质上的差异. 因此, 用原来解决问题的方法去解决现在的问题, 已经是不可能的了, 必须跳出这一思维的老框架, 才会有柳暗花明的结果. 这一点正如法国著名数学家拉格朗日所指出的: "这是向人类智慧的挑战".

拉格朗日也是一元 n 次方程求根公式的热心探索者, 但是他没有成功, 在痛苦的反思中, 他开始感悟到, 寻找五次及五次以上方程的求根公式可能是一个不可能的问题. 尽管当时他尚未证明这一点. 但他的这一思想, 扭转了人们单一的寻找求根公式的路径. 而转而去思索一般的五次及五次以上方程不可能有根式解的证明.

1824 年, 也就是拉格朗日去世后 11 年, 年轻的挪威数学家阿贝尔异军突起, 他证明了一般的五次代数方程 (特殊的例外) 不存在求根公式. 但阿贝尔没有完全地解决求根公式问题, 即他没有解决什么样的高次方程可以有求根公式, 什么样的方程不会有求根公式 (指用根式表示的求根公式).

1828 年, 就是阿贝尔去世前一年, 一位更年轻的法国数学家伽罗华继承了阿贝尔未竟的事业, 为本课题研究建立了丰碑. 他用一套崭新的方法, 求得了一元 n 次方程存在根式解的充要条件. 伽罗华的方法后来被称之为伽罗华理论, 开创了代数学的一个新的方向 —— 群论.

值得一提的是阿贝尔与伽罗华都是年轻的, 出

身低微的 "小人物". 他们的研究成果往往得不到重视, 不是被遗忘, 就是被丢失. 而当人们刚刚看出他们的闪光时, 他们已经湮灭了. 今日我们重温这一段历史, 会从内心萌生出对这两位年轻数学家的深切同情与敬意.

从上面的讨论可以看出, 类比的确是一种创新的思维方法, 但简单的类比 (模仿性的类比) 的作用往往是有限的. 我们必须认识事物发展由量变到质变的辩证规律, 不断调整我们的思维策略, 有时甚至要否定以前的思路, 才能走出一条光明大道.

八、牛顿关于直径的普遍定理

在数学或物理中,对一个概念理解的改变,往往会导致一个新的命题的产生,牛顿 (Newton, 1643—1727) 就是把两点连线的中点看作两等质量质点的重心,从而推导出关于代数曲线直径的普遍理论的.

基本命题 圆的平行弦中点的轨迹是一条与该弦垂直的圆的直径 (图 71).

图 70 牛顿

这一问题的证明在中学平面几何课本中都能找到.

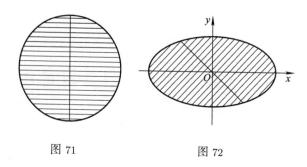

图 71   图 72

类比推理 8.1 椭圆、双曲线、抛物线等二次代数曲线的平行弦中点的轨迹是一条直线段, 称为此二次曲线对应于该平行弦方向的一条直径.

现以椭圆为例, 证明如下:

证明 设椭圆的方程为

$$b^2x^2 + a^2y^2 = a^2b^2 (a > b > 0),$$

假设椭圆的平行弦的方程为

$$y = mx + d \quad (m \text{ 为定值}, d \text{ 为实参数}) \text{ (图 72)}.$$

将两方程联立消去变量 y, 得

$$b^2x^2 + a^2(mx + d)^2 = a^2b^2.$$

展开并整理得

$$(a^2m^2 + b^2)x^2 + 2a^2mdx + a^2(d^2 - b^2) = 0.$$

设 $M(x_0, y_0)$ 是该弦两个端点的中点. 根据中点坐标及一元二次方程的韦达定理, 有

$$x_0 = -\frac{a^2 md}{a^2 m^2 + b^2}.$$

因为点 $M(x_0, y_0)$ 在平行弦上, 所以

$$y_0 = mx_0 + d,$$

从上面两式中消去参数 d, 得

$$y_0 = mx_0 - \frac{a^2 m^2 + b^2}{a^2 m} x_0,$$

即

$$y_0 = -\frac{b^2}{a^2 m} x_0.$$

这说明, 直线族 $y = mx + d$ 与椭圆 $b^2 x^2 + a^2 y^2 = a^2 b^2$ 的两个交点的中点 (即平行弦的中点) 的轨迹是一条过原点的线段, 其方程是

$$y = -\frac{b^2}{a^2 m} x.$$

称此为椭圆 $b^2 x^2 + a^2 y^2 = a^2 b^2$ 对应于直线 $y = mx + d$ 方向的直径[①].　　　　　　　□

显然上述方法也适用于双曲线、抛物线等二次代数曲线.

线段中点也可以看作它的两个端点 (看作等质量的质点) 的重心, 牛顿就是这样看的. 在这样的观

_____

[①]如果把虚交点也计算在内, 那么直径就是一条直线, 否则只是直线的一部分.

点下, 可以把这一命题类比推广到一条三次代数曲线上去.

类比推理 8.2 一条三次代数曲线与一族平行割线交点的重心当割线平行移动时的轨迹是一条直线 (或直线的一部分), 称此为这一条三次曲线对应于此割线族方向的直径.

这里我们仅以笛卡儿的叶形线

$$x^3 + y^3 = 3axy$$

为例说明本命题的正确性.

证明 设平行割线族的方程为

$$y = mx + b \quad (m \text{ 为定值}, b \text{ 为实参数}),$$

将曲线方程与割线方程联立消去 y, 得

$$x^3 + (mx + b)^3 = 3ax(mx + b).$$

整理后得

$$(m^3 + 1)x^3 + 3(m^2b - am)x^2 + 3(mb^2 - ab)x + b^3 = 0.$$

设割线与曲线相交于三点 $(x_1, y_1), (x_2, y_2),$ (x_3, y_3). 根据方程的根与系数的关系, 得

$$x_1 + x_2 + x_3 = \frac{3(am - bm^2)}{m^3 + 1},$$

设这三个交点的重心坐标为 $M(x_0, y_0)$, 则

$$x_0 = \frac{x_1 + x_2 + x_3}{3} = \frac{(a - bm)m}{m^3 + 1},$$

及

$$y_0 = mx_0 + b.$$

消去参数 b, 得

$$(m^3 + 1)x_0 = [a - m(y_0 - mx_0)]m,$$

即

$$m^2 y_0 + x_0 - am = 0.$$

所以, 笛卡儿叶形线 $x^3 + y^3 = 3axy$ 对应于割线 (族) $y = mx + b$ (b 为实参数) 的方向的直径方程为

$$x + m^2 y - am = 0. \qquad \square$$

通过类比推理 8.1 及 8.2, 我们对它们进行归纳推断, 可得如下一般性的结果:

类比推理 8.3 (牛顿关于直径的普遍理论)

设一条割线与一条 n 次代数曲线的交点 (含虚交点) 有 n 个, 分别为 $(x_1, y_1), (x_2, y_2), \cdots, (x_n, y_n)$. 当此割线平行移动时, 这 n 个交点 (看作等质量质点) 的重心 M 的轨迹是一条直线, 称为这一 n 次曲线对应于此割线族方向的一条直径 (图 73).

证明 设 n 次曲线方程为 $F(x, y) = 0$. 作坐标系的旋转, 使 x 轴与该割线平行 (这种坐标的变换不会改变方程的次数), 设此时的方程变为 $F'(x, y) = 0$ (为了便于表述, 我们仍用 x, y 表示动点的坐标), 现在将 $F'(x, y) = 0$ 按 x 的降幂排列 (各项 x 与 y 的

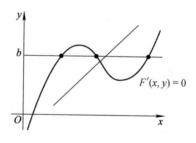

图 73

指数和不超过 n), 设此方程 $F'(x, y) = 0$ 可写为

$$Ax^n + Bx^{n-1}y + Cx^{n-1} + \cdots = 0,$$

(注意, 方程中未写出的项的 x 的幂均小于 $n - 1$.) 其中 $A, B, C, \cdots$ 为常数, $A \neq 0$. 因为此时, 割线是平行 x 轴的直线, 故割线的方程可写为

$$y = b \quad (b \text{ 为实参数}).$$

又因为割线与此 n 次曲线的交点有 n 个, 可设为 $(x_1, b), (x_2, b), \cdots, (x_n, b)$, 设它们的重心为 $M(x_0, y_0)$, 则 $y_0 = b$, 且 $x_1, x_2, \cdots, x_n$ 是方程 $Ax^n + (Bb + C)x^{n-1} + \cdots = 0$ 的 n 个根. 根据韦达定理, 有

$$x_0 = \frac{x_1 + x_2 + \cdots + x_n}{n} = -\frac{Bb + C}{nA}.$$

所以

$$x_0 = -\frac{By_0 + C}{nA}.$$

即

$$nAx_0 + By_0 + C = 0.$$

100

所以, 点 M 在直线 $nAx + By + C = 0$ 上.

称直线 $nAx + By + C = 0$ 是 n 次代数曲线 $F'(x,y) = 0$ 对应于割线族 $y = b$ (b 为实参数) 方向的直径. 再通过坐标系的逆旋转, 即可获得原曲线 $F(x,y) = 0$ 对应于该割线方向在原坐标系内的直径方程. □

关于 n 次曲线直径的定理是牛顿在 1704 年研究三次曲线理论时顺便获得的. 由于他把直径概念从圆、二次曲线、三次曲线, 类比推广到了一般的 n 次曲线, 而且定理又是这样的简洁明快, 因此人们称它为牛顿的优美的直径普遍化理论. 牛顿的直径普遍化理论不仅运用了类比, 且对类比的结果进行归纳猜想, 因此, 这一理论也可以说是数学中类比和归纳成功结合的一个精彩的范例.

九、简 短 回 顾

在上面各节，我们介绍了类比这一种思维方式.
在这里我们要向读者提出运用类比思维的几点注意.

(1) 细心观察，认真分析，正确把握类比的对象

"现代汉语词典"中指出："类比是一种推理方
法. 根据两种事物在某些特征上的相似，作出它们
在其他特征上也可能相似的结论." 在作类比推理时
首先要判断所考察的两种事物是否有某些特征上的
相似，然后再去探索在其他哪些特征上，它们也可能
相似.

例如，平面几何中的三角形是由三条线段围成
的有限平面图形，立体几何中的四面体是由四个三
角形围成的有限空间图形，三角形与四面体可以认
为是有某些特征相似的两种对象，是可以互相类比
的；又比如，三角形可以看作是由三条边与三个角组
成的，三面角可以看作是由三个二面角与三个二面
角所对的面角组成的，它们在某些特征上也是相似
的，也可以互相类比，即可以寻找它们其他性质上的
相似.

举例如下:

1°) 任意一个三角形都可以作一个外接圆, 于是可以猜想: 任意一个四面体都可以作一个外接球;

2°) 三角形两边之和大于第三边, 于是可以猜想: 三面角任两个面角的和必大于第三个面角.

3°) 三角形每一个内角的正弦与它对边之比相等 (正弦定理), 于是可以猜想: 三面角的每一个面角与它所对的二面角的正弦之比是相等的. 等等.

容易证明, 以上猜想都是成立的.

因此, 两个对象是否可以类比首先要观察、分析, 看它们是否有某些相似的特征. 至于什么是相似, 这里并没有确切的定义, 全凭你对问题的理解. 正确而深刻的理解, 会帮助你发掘深刻的类比结果, 肤浅的理解将可能使你一事无成. 一些伟大的数学家由于他们对问题深刻的理解, 才使他们能提出深刻的类比推断, 令人惊诧不已.

(2) 类比存在的风险

前面讲过, 类比是一种或然推理, 推理结果可能是正确的, 也可能是不正确的. 因此, 类比推理在未获逻辑证明之前, 一般都叫它 "合理猜想".

例如, 在三角形与四面体的类比中, 三角形有 "三条中线相交于一点" 这一性质, 我们可以类比推断 (猜想) "四面体从每一顶点至对面重心的四条连线共交点", 容易证明这个猜想是正确的, 从而它是一个正确的类比推理.

又如, "三角形的三条高相交于一点", 我们可以有类比推断 (猜想) "四面体从每一顶点至对面的四条垂线共交点". 但经论证, 这个猜想在一般情况下并不成立.

类比推理可能发生错误, 这就是类比推理的风险.

欧拉十分理解类比的风险, 所以当他用类比方法获得无穷级数和的公式

$$\frac{1}{1^2} + \frac{1}{2^2} + \cdots + \frac{1}{n^2} + \cdots = \frac{\pi^2}{6}$$

后, 一次又一次的验证, 直至最后用逻辑推理证明为止.

类比推理的或然性, 有时也会对我们有益. 如上面所讲 "四面体的四条高线相交于一点" 是一个错误的推理, 但通过研讨, 我们可以证明 "四面体的四条高线相交于一点的充要条件是三组对棱两两垂直", 这也是一个很有用的结果.

在根式求解一元 n 次方程方面, 自费拉里获得一元四次方程求根公式后, 大家都用同样的思路去寻找一元五次方程的求根公式, 三百年没有结果. 但也正因为这样, 才促使拉格朗日感悟到一元五次方程的根式求解问题可能是一个不可能的问题, 最终导致伽罗华理论的建立, 而伽罗华理论的意义远远超过了对一个代数方程的求解问题.

(3) 类比方法与归纳、演绎等数学方法结合起来, 可能发挥更大的作用

类比推理是一种一对一的推理, 即一个命题通过类比一般只产生一个新的命题, 至多也只产生二个、三个、若干个新的命题, 但如果你再运用一下归

纳方法, 从这若干个结果中推断出一个更一般性的命题, 其意义就会更深刻. 例如, 雅各布·伯努利从自然数幂和公式 $S_0(n), S_1(n), S_3(n), S_4(n)$ 的表达式出发, 归纳得到一般性的表达式:

$$
\begin{aligned}
S_k(n) &= 1^k + 2^k + \cdots + n^k \\
&= \frac{1}{k+1}[n^{k+1} + \mathrm{C}_{k+1}^k B_1 n^k + \mathrm{C}_{k+1}^{k-1} B_2 n^{k-1} \\
&\quad + \cdots + \mathrm{C}_{k+1}^1 B_k n], \quad k \in \mathbf{N}.
\end{aligned}
$$

牛顿从圆的直径、椭圆的直径、三次曲线的直径归纳得到 n 次代数方程的直径的普遍定理, 这些都是更优美且深刻的定理.

综合以上, 我们可以得出:

类比   ⇒ 归纳   ⇒ 猜想   ⇒ 证明

这是一个发掘新命题的思维程序, 熟悉这一程序无疑对我们更好地掌握数学文化大有裨益.

十、后 记

读书是学习. 使用也是学习.

学习数学的最重要方法之一就是做题. 作者在编写这本小册子时, 就坚持边做题边写作. 逐步理出一条用 "类比" 方法解决问题的思路. 希望读者在阅读本书时也能选择一些有关的题目来做, 它可以帮助你进一步体会 "类比" 这一方法的精髓. 从而更好地理解和运用这一种有用的数学方法.

本书在写作过程中蒙李大潜院士提出不少宝贵意见, 谨此致以衷心的感谢.

限于水平, 本书一定存在不少缺点, 欢迎广大读者指正.

王培甫

2008.8.

参 考 文 献

[1]   克莱因 M. 古今数学思想. 上海: 上海科学技术出版社, 1979.

[2]   亚历山大洛夫 А Д, 等. 数学 —— 它的内容、方法和意义. 北京: 科学出版社, 1962.

[3]   伊夫斯 H. 数学史概论. 太原: 山西经济出版社, 1986.

[4]   波利亚 G. 数学与猜想. 北京: 科学出版社, 2002.

[5]   德里 H. 100 个数学问题 —— 历史和解. 上海: 上海科学技术出版社, 1982.

[6]   卡扎里诺夫 N D. 几何不等式. 北京: 北京大学出版社, 1986.

郑重声明

高等教育出版社依法对本书享有专有出版权。任何未经许可的复制、销售行为均违反《中华人民共和国著作权法》，其行为人将承担相应的民事责任和行政责任；构成犯罪的，将被依法追究刑事责任。为了维护市场秩序，保护读者的合法权益，避免读者误用盗版书造成不良后果，我社将配合行政执法部门和司法机关对违法犯罪的单位和个人进行严厉打击。社会各界人士如发现上述侵权行为，希望及时举报，我社将奖励举报有功人员。

反盗版举报电话 　（010）58581999　58582371
反盗版举报邮箱　dd@hep.com.cn
通信地址　北京市西城区德外大街4号
　　　　　　高等教育出版社法律事务部
邮政编码　100120

读者意见反馈

为收集对教材的意见建议，进一步完善教材编写并做好服务工作，读者可将对本教材的意见建议通过如下渠道反馈至我社。

咨询电话　400-810-0598
反馈邮箱　hepsci@pub.hep.cn
通信地址　北京市朝阳区惠新东街4号富盛大厦1座
　　　　　　高等教育出版社理科事业部
邮政编码　100029